LIBRARY OF THE CANON FOUNDATION

生物進化と細胞外DNA

微生物創生への挑戦

西田洋巳　著

丸善プラネット

目　次

第1章

〝遺伝する〟とはどのようなことか

遺伝とは

親と子はなぜ似ているのでしょうか。

生物の種の系統を維持し、それを継承するには、親から子孫へと遺伝情報を正確に伝えることが重要です。ヒトの65％が水分で、次に多いのが筋肉や皮膚をつくるタンパク質で15％くらいと言われています。ヒトは60兆個の細胞からつくられており、細胞内において遺伝情報に書かれたタンパク質がつくられます。この設計図である遺伝情報を次の世代へ継承しているのがデオキシリボ核酸（ＤＮＡ）です。ですから、「親から子へと受け渡されているのはＤＮＡである」と言うことができますし、遺伝学とはＤＮＡを細胞から細胞へ、どのように渡していくかを研究する分野です。

皆さんはこの〝ＤＮＡ〟という言葉をよく耳にするでしょう。「弊社のＤＮＡは……」と言ったり、通販では遺伝子検査キットが売られていたり、とても身近な言葉ですし、高校の生物の教科書に書いてあったＡ、Ｇ、Ｃ、Ｔの塩基配列を思い浮かべる人もいるでしょう。本書でも〝ＤＮＡ〟は重要なキーワードです。その他には〝細胞〟〝環境〟を挙げることができますが、まず本題に入る前にＤＮＡについて少し説明したいと思います。

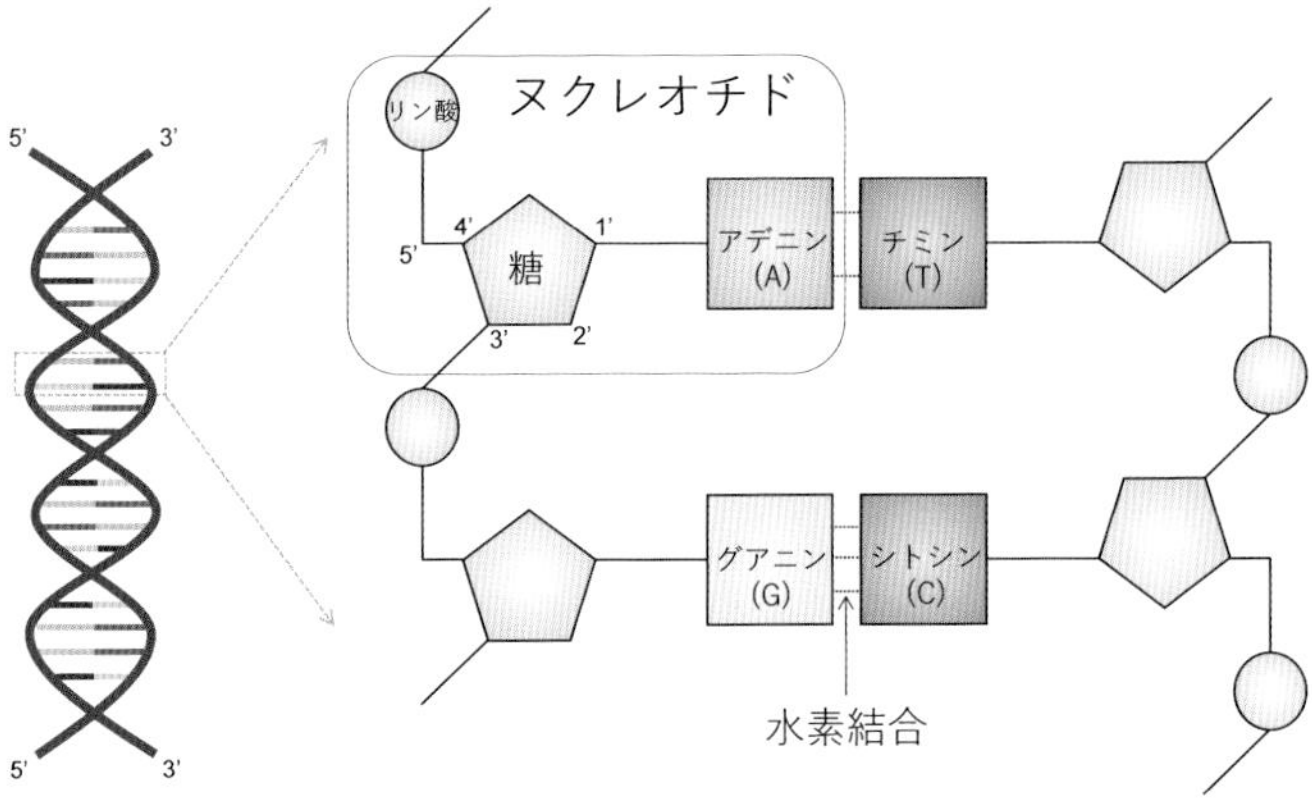

図1-1　DNAの概略図

糖はデオキシリボースです。番号はデオキシリボースを構成している炭素原子の位置を示しています。核酸塩基はアデニン、チミン、グアニン、シトシンの4種類があります。アデニンとチミン、グアニンとシトシンの核酸塩基間の水素結合によって、2本の鎖構造がつながり、2重らせん構造となっています。

遺伝情報を次の世代に継承しているのがＤＮＡであり、そのＤＮＡに書かれた遺伝情報に基づいて、各細胞でタンパク質がつくられると述べました。これはＤＮＡに書き込まれた情報が発現し、核酸のもう一つであるリボ核酸（ＲＮＡ）が細胞内でつくられ、そのＲＮＡからタンパク質がつくられるからです。このシステムについては第2章第1節でもう少し詳しく説明します。

さて、ＤＮＡはヌクレオチドがつながった高分子化合物です。ヌクレオチドは核酸塩基と糖とリン酸でできていますが、ＤＮＡやＲＮＡの核酸を構成する基本単位と考えてもいいでしょう。このnucleotideのtideはネクタイのタイ、結ぶという意味です。各ヌクレオチドは、4つの核酸塩基のうち1種類を持ちます。DNAの場合、核酸塩基はプリン塩基としてアデニンとグアニン、ピリミジン塩基としてシトシンとチミンの合計4種類ですから、皆さんが覚えているA、G、C、Tとはヌクレオチドを構成する核酸塩基の頭文字なのです（図1－1）。このDNAにおける核酸塩基の並び（シークエンス）が遺伝情報そのものであり、生物個体や生物種によって違う。つまり遺伝情報の継承とは、DNAにおけるA、G、C、Tの並びを細胞から細胞へ伝えることを意味しています。

さて、細胞とは生物を組織する最小単位のことです。ヒトは、1細胞である受精卵の誕生から始まります。受精卵には、父方と母方の遺伝情報が存在しており、その細胞が細胞分裂を繰り返し行うことで60兆の細胞からなる〝ヒト〟という個体となるのです。細胞分裂において必要なことは、正確なDNAの複製と、その遺伝情報を発現させるためのシステムをそれぞれの分裂細胞に分配することです。正確な遺伝情報の分配からは、新しい生物種が誕生することはありません。ヒトはヒトしか産めませんし、チンパンジーがヒトを産むことはありません。

なぜ地球にさまざまな生物がいるのか

さて、地球には多種多様な生物が存在しています。この生物多様性が意味していることは、生物は「正確」な遺伝情報を継承していない、ということです。もっと言えば、一見、「正確」に継承されていると見えたものが、実際には長い年月をかけて「完全に一致しないよう」に遺伝情報を継承するシステムを生物は維持してきた。言い方を変えると、生物の多様性は遺伝情報の変化によって生じている、ということです。親から子へ継承されてきたＤＮＡは40億年の生物の歴史の中のごく一部の情報であり、その継承の過程においてＤＮＡの塩基配列（シークエンス）が変わってきました。

ＤＮＡシークエンスは遺伝情報そのものであり、遺伝とはこの情報を継承することを意味しています。現在生きている細胞や生物は、進化の時間軸における末端のものです。つまり、今まで地球上に生まれた生命の大半は死んでしまっているわけです。細胞が死んだり、個体が死んだりすると、死んだ細胞に存在していた多くのＤＮＡは大地や海といった自然環境中に放出されてきました。ＤＮＡは概念的なものではなく物質そのものですから、それら多くのＤＮＡは外に放出され、分解されてきたと考えられています。

もう一つ大事なことは、ヒトとチンパンジーはＤＮＡシークエンスが違います。ヒトなどの真核（核を持つ）細胞からなる多細胞生物の多くは、異なる生殖細胞の接合によって遺伝情報の多様性を維持します。ヒトという集団、チンパンジーという集団は、ある多様性の中で決められた塩基配列の集団です。これらの異なる生物集団間において遺伝情報の交換は生じず、異なる集団を維持してきたと考えられています。多様性を持っているけれども相容れない、それなりの壁があるわけです。しかし、その背後には、絶滅した生物のものも含めて、莫大な量のＤＮＡが環境中にばらまかれていることを覚えておいていただきたいのです。

遺伝情報が変化するとき

ヒトや動物、植物などは多くの細胞からできています。これらの多細胞生物は、多くの場合、受精卵によって、つまり〝性〟が存在し、異なる個体が持っている遺伝情報が混合されて次世代へ継承されます。ですから、ヒトが違う生物のDNAを頭からバシャッとかぶったとしても、卵や精子に遺伝情報が取り込まれない限り、継承はできません。これは体細胞がブロックとして効いているからです。

しかし、地球上の多くの生物は単細胞、つまり一つの細胞からできています。バクテリアは核を持たない単細胞生物であり、酵母は核を持つ単細胞生物です。単細胞を単純だ、と言えるかどうかは別問題として、バクテリアのような単細胞生物では一般的な〝性〟が存在せず、細胞分裂によってクローン（同一の遺伝情報を持つ細胞）を生み出して増殖するシステムを持っています。それなのに地球上にはさまざまなバクテリアが存在しており、多様性が認められます。すなわち、このような状況になっているということは、長い年月をかけてバクテリアの遺伝情報は変化してきたことを意味しています。

遺伝情報が変化する場合、一つはDNAが複製するときにエラーが生じて、それが継承されることが考えられます。ただ、エラーの多くは塩基配列における1塩基置換です。大腸菌の1回の細胞分裂における1塩基置換が一つの塩基位置において生じる割合は10の9乗分の1程度ですから、一つの塩基置換の影響が直ちに細胞への変化として現れることは考えにくいでしょう。もちろん、長い年月をかければ起こり得ます。

もう一つは、単細胞で生きているバクテリアに環境中のDNAがその細胞の中に入ってしまうような場合です。もし、細胞外から入ったDNAが細胞内で遺伝情報として機能した場合には、宿主細胞への影響が大きく、直ちに細胞の変化として現れる可能性があります。このような現象を形質転換と言います。簡単に言うと、今までとは違うバクテリアが誕生する、ということです。このように異種DNAが細胞内に入るような現象を「DNAの水平伝播」と言います。水平伝播する遺伝因子としては、ウイルスやプラスミドが知られています。ウイルスはバクテリアとは違います。詳しくは第2章第3節で説明しますが、バクテリアは細胞膜で覆われ、細胞質を持っており、そこに遺伝情報であるDNAを持っていますが、ウイルスはタンパク質の殻で覆われており、細胞質を持っておらず、自己増殖することができないため、非生物と考えられています。ただ、ウイルスはDNAやRNAを遺伝情報として持っています。

ところで、40億年の歴史の中で多細胞が出てきたのは10億年から20億年前と言われており、それまではほとんど単細胞生物の世界だったのです（図1－2）。ですから、DNAの水平伝播により、新しい生物が誕生するチャンスは、多細胞よりもはるかにバクテリアを中心とした単細胞の方が大きいと考えられます。この長い歴史を考えると、細胞が死んで細胞内に存在していたも

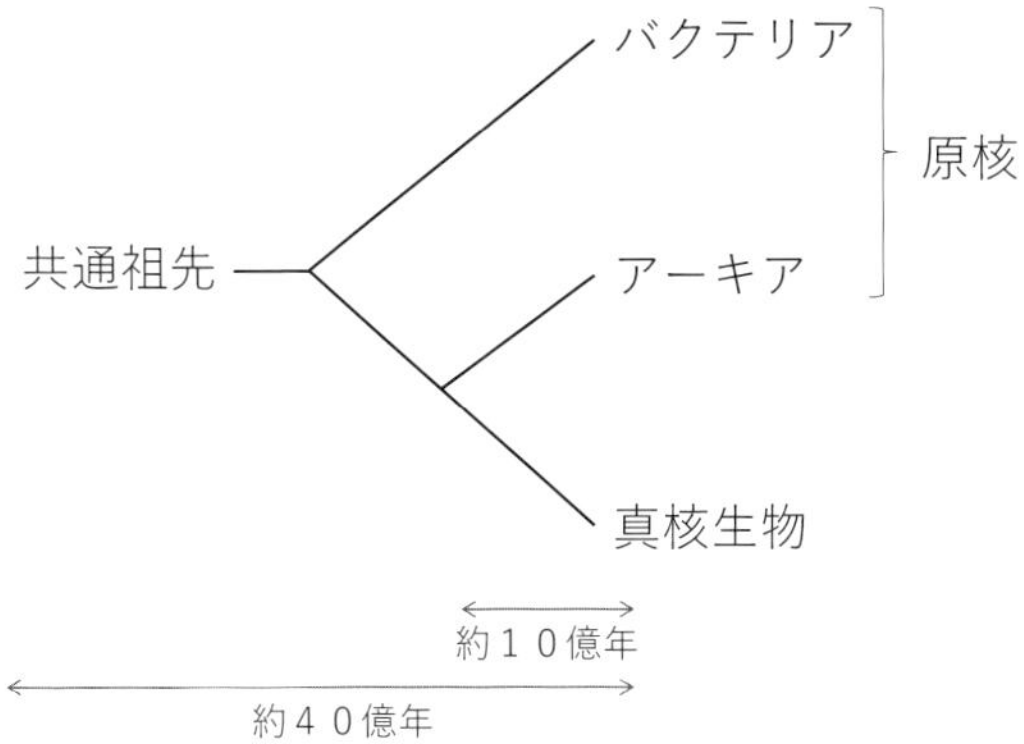

図 1–2　生物の系統進化関係

系統進化に基づき、生物はバクテリア、アーキア、真核生物に分けられます。この生物の系統は、第2章第2節で述べていますが、カール・ウーズが提唱したものであり、現在は多くの研究者がこの生物系統関係を受け入れています。これらの進化的関係は、アーキアと真核生物が近縁であり、単系統群を形成し、核を持たない細胞を持つバクテリアとアーキアが系統進化の異なった系統から成り立っていることを意味しています。すなわち、当初「古細菌」と発表された生物群は「細菌よりも古い時代の生物」という概念でしたが、実際にはそうではなく、バクテリア（細菌）の方が起源が古く、アーキアとは系統的に違っていることが示されました。そこで、本書では「古細菌」とは言わず、アーキアと呼んでいます。

のは外に放出され、その放出されたものの中からたまたま入ってきたＤＮＡを利用するかしないかというのはそのバクテリアの選択にかかっていた、つまりその遺伝情報が入る〝環境〟にあったかどうか、という世界だったと思えるのです。最初に大事なキーワードとして〝環境〟を挙げたのは、〝環境〟が非常に重要な意味を持っているからです。

話が少しそれますが、バクテリアのゲノムサイズが生物種間において、それほど違いがないのはどうしてなのか、不思議でした。ゲノムとはその生物になるために必要な最小限の遺伝情報です。さまざまな環境へ応答できる遺伝情報があれば、生活環境の幅を広げ、生存競争において有利に働きます。バクテリアの中には積極的にＤＮＡの水平伝播を行って、自身の遺伝情報を増加させているものがいるはずではないか、と思っていました。しかし、実際には、バクテリアは特定の機能に対して複数の遺伝情報を持つことは少なく、むしろ遺伝情報を減少させる方向に進んできたという報告があります。では、生命の長い歴史の間に、欠失してしまった遺伝情報が必要になったときはどうしたのでしょうか。

今の分子生物学的なものの見方は、「ここに細胞がある。ここにＤＮＡがある。この細胞は特定の遺伝情報を獲得している」というものなのですが、40億年の歴史というのはそんなに単純ではないでしょう。ＤＮＡがどれくらい長い期間、環境中に漂っているのか分かりませんが、生物と漂うＤＮＡの莫大な出会いがあって、その中から適したもの、あるいは都合のいいもの、その環境において有利に働くものが生き残ってきただろうと思っています。すなわち、環境に散在している細胞外ＤＮＡは、バクテリアのような細胞が必要とした遺伝情報を提供でき得る場であるという考えです。

富山湾での実験で見えてきたこと

しかし、このような考えを実証することは不可能でした。一般的に進化論を証明することは極めて困難なことです。ところが、今はDNAの塩基配列を読むというDNAシーケンサーの劇的な発展によって、10万円でヒトのゲノム情報（塩基配列）を知ることができる時代ですし、ヒトのゲノムの情報を利活用することで医学的にも保健的にも貢献できるようになりました。これはヒトや遺伝学におけるモデル生物にとどまりません。環境中に存在するDNAもシーケンサーを使うとそれらの塩基配列が分かります。私は、この網羅的にDNAの塩基配列を知る方法を用いて富山湾にどれほどの細胞外DNAが存在しているかについて調べています（第3章第3節）。

DNAのシークエンス情報はデータベース化されて、人類共有の財産として全世界で共有できるようになっています。すべてのシークエンスは登録してから論文を発表しなければいけないというルールがありますから、今までのDNAのシークエンスはすべてデータベースとしてストックされています。例えば、富山のブリは有名ですが、富山湾に入ってきたブリが富山の海に存在していることは、富山湾から抽出したDNAの中にデータベースに登録されているブリのDNAと一致するものが含まれていることによって分かります。しかし、富山湾にはその他にもさまざまなDNAが漂っています。環境中に漂っているDNAを取ってきて、それらの塩基配列と一致するシークエンスをデータベースにおいて調べても9割以上は一致しません。一致しないということは、これまでに研究されてきた生物由来のＤＮＡではないということです。すなわち、想像を超える生物由来のＤＮＡやまったく未知のＤＮＡが環境中に漂っていることを示しています。このことは、ＤＮＡの塩基配列の多様性、すなわち遺伝情報の多様性についてまだまだ分かっていないことがあることを示しています。

それに対してどういうアプローチで研究するのかは、研究者一人一人の考え方によります。遺伝学や分子生物学のモデル生物である大腸菌や枯草菌を使って実験を行う研究者もいますし、モデル生物以外の生物の研究を行っている研究者もいます。いずれも遺伝情報およびそれを維持管理しているシステムに関する研究や実験結果が不足しているという状態だという認識に立っています。今の分子生物学では、あるＤＮＡシークエンスが出てきたとき、データベースに存在しているＤＮＡシークエンスと突き合わせ、どこと一番近いかという類似性の配列を調べ、その一番近いものの機能をその配列の遺伝子は持っているだろうと類推しています。しかし、データベースにないものであれば、何のアプローチもできません。実は、類似性の配列がないものが、それこそごまんとあるのです。ですから、あまり大きな声では言えませんが、分からないシークエンスばかりの中の分かったものだけでアプローチを進めているのであって、分からないところについては手出しできない状況なのです。しかし、環境中に存在しているＤＮＡからのシークエンス情報は幻ではなく、現実そのものです。そういったものに対して、どのようにアプローチしていくのか、ということが私たち科学者に問われていることだと思うのです。

いかにしてバクテリアの振る舞いを見るのか

私は、そういった環境中に漂っているDNAが最も頻繁に接触できる細胞は、やはり環境で生きているバクテリアだろうと思いました。ですから、バクテリアの細胞に細胞外に存在しているDNAが入った場合、バクテリアはどのような変化を見せるのだろう、ということについて大きな興味を持っています。もし、バクテリアを大きくできれば、そこに機能を知りたいDNAを入れて、どういうふうにバクテリアが振る舞うのかを見ることができるのではないか。それによって何かしらの目星をつけられるだろう、という発想で研究をしています。

今の分子生物学では、バクテリアのような小さな細胞に大きなサイズのDNAを入れる技術がありません。小さなDNAは入れられますが、それは大腸菌や枯草菌などの形質転換ができるバクテリアに対してです。それらは分子生物学におけるモデル生物と呼ばれていますが、遺伝子を切ったり張ったりできるので機能解析ができます。大腸菌や枯草菌を実験材料にする研究者が多いのは、そのような背景があります。しかし、私は大きなサイズのDNAをバクテリアの細胞に入れたいので、何かの方法で限定的に形質転換できる、つまり大腸菌にはできるけれどもそれ以外のバクテリアにはできないというような技術は使わない。これまでの分子生物学の方法を使わないと決めると、物理的に注射器で入れるのが一番確実だという発想に至りました。ただ、そのためにはバクテリアの細胞は小さ過ぎます。1㎛とか2㎛（μは10のマイナス6乗）の直径しかありませんから、これを少なくとも10倍くらいにしなければいけない。ただ、遺伝学的に変異を加えて、そのような巨大細胞を作製することはせずに、そのままの状態で大きくする。元に戻すことも視野に入れて実験を行っています。

要は、遺伝情報を操作しない、遺伝子そのものは一切いじらないで、細胞を巨大化するという目標を持って研究に取り組んだ結果、現在、ほとんどのバクテリアを大きくする技術ができました。マイクロインジェクションという方法で外から何かを入れる方法を確立しつつあります（第5章）。どんなバクテリアでも大きくして、そこに目的のサイズの大きなＤＮＡを入れるという技術を確立することは、まったく分からないＤＮＡに対してもアプローチできる、ということです。ここは非常に重要な点だと思っています。

出会いによって劇的〝違い〟が起こる

長い時間（おそらく何千万年もの間）、塩基配列の分からないＤＮＡが海を漂っています。それは遺伝情報として機能できるホストの細胞と巡り会っていないからです。ＤＮＡ量が少なければ出会うチャンスは少ないでしょうし、それを受け入れる細胞の数が少なければさらに少なくなります。海の中でそれらが巡り会うことなど、天文学的確率でしょうし、まず起こらない、と言えるかもしれません。しかし、長い年月をかけると、奇跡的な出会いが生じていたと考えられます。これを「進化」という人もいるかもしれませんが、常に連続して変化しているか、あるいは非連続的に変化が生じているのかが重要なところです。環境を漂うＤＮＡと環境に存在しているバクテリアの奇跡的な出会いによって全く新しい生物が誕生するのであれば、それは非連続と考えることができるように思います。１塩基ずつ変化していく「進化」は連続性で説明できる部分がありますし、塩基置換の蓄積量と状態の変化をプロットすればいい。しかし、劇的にもう元には戻れない、全然違う細胞が生み出されるというチャンスは、ポンと何かのユニットが入らなければいけない。だから、自分の情報を切ったり張ったりしながらの変化には限界があるのです。外から全然違う遺伝情報を入れることによって、他の仲間とは全然違う生物にバージョンアップする。そういったことは海の中でもごまんと行われてきたと思いますし、今も行われていると思っています。これを実験的に実証したいと考えています。

ゲノムをデザインする、ということ

自然界に任せていれば極めて低い確率でしか生じないような出会いを人工的に起こすことができると、どうなるでしょうか。時代とともにゲノムサイエンスは発展しており、少し前まではあるＤＮＡをシークエンスするということが研究の中心だったのですが、今はそのシークエンス情報を利用して、自分たちが設計する生物をつくり出す、という方向にあります。「いやいや、それはＳＦの世界だ」という人もいるでしょうが、私は科学者として、それがもう目の前に来ているのではないかと思っています。微生物を研究している人たちがこぞってこの分野に挑戦すれば、近い将来に必ずデザインされた微生物が誕生すると思っているのです。

これまで微生物学の発展を牽引してきたのは、一つは衛生上の問題です。感染症などに対して微生物を悪者としてこれを駆除する、そのために、抗生物質をどう扱うかということです。もう一つは、微生物を利用して、微生物の工場としてものづくりに活用する。例えば、アミノ酸はタンパク質の原料ですが、現在では微生物が工場のタンクの中でつくっています。タンクの中に飼われている微生物がグルタミン酸ソーダをどんどんつくっています。これは革命的なことだったわけですが、これまで応用微生物学の主要テーマはそういったバクテリアを見つけることですし、自然界には必ず目的に合ったバクテリアが見つかるのだ、と考えられています。

しかし、今、私が考えていることは「見つけなくてもいい。ゲノムをデザインして、それを入れて、つくればいいのだ」ということです。メカニズムが分かって、こういった機能がある、このバクテリアはそういう機能がある、もっと強いものをつくりたいといったときには、最もシンプルに言うと、遺伝情報をもう一つ二重にしてこれを入れたらどうですか、と。

これは、応用微生物学と分子生物学の最大規模での融合の話です。例えば、大腸菌には４０００の遺伝子（遺伝情報の機能的な単位）がありますが、私が言うゲノムデザインは４０００分の1をどうにかするという遺伝子工学の話ではなく、４０００のコンビネーションを変えて、ダイナミックに違う生物をつくり出すゲノム工学の話です。このような研究領域の応用的な価値は底知れない大きさを持っていると思います。そして、それは夢物語ではなく、現実に少しずつ近づいています。微生物学の分野において、日本は世界をリードしてきたのですけれども、ゲノムサイエンスでアメリカにコテンパンに負けてから、後手後手に回り、そのために若い研究者たちの微生物に対しての興味がなくなってしまいました。しかし、私はこれからが非常におもしろい展開になると思っています。

バクテリアはヒトなどに比べれば、より単純なシステムで生命活動を行っています。しかし、そのシンプルなシステムについてさえ、何も知っていないに等しい状況ではないでしょうか、ということを問うているわけです。そして、学生の皆さんには教科書に書いてあることを丸飲みにするのではなく、ＤＮＡの話や細胞の話を通じて、違う観点から見ること、今、傍流と言われていることが主流になるかもしれないし、それができる技術的背景も整ってきている、ということを伝えたいと思っています。

このあとの第3章以降は、本書の主題である細胞外ＤＮＡについて私たちが実際に行った実験データや研究成果に基づき書いています。そこで、それらを理解するための手助けとなるような背景を第2章で書きました。遺伝情報であるＤＮＡとそれが機能する場である細胞について、生物進化の視点から解説したものです。専門用語が出てきて少し読みづらいかもしれませんが、本文中および図説などにおいて説明を加えていますので、読み進めていただければと思います。

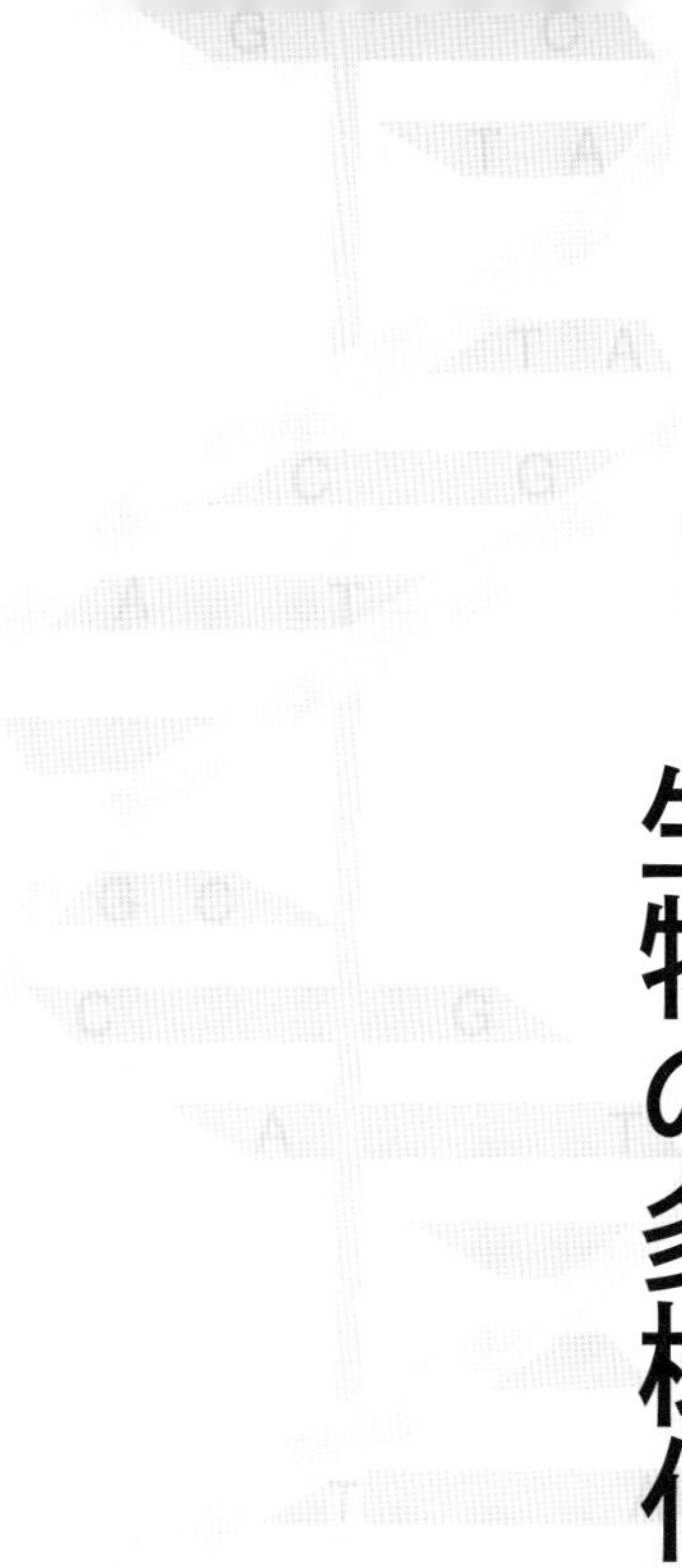

第2章

遺伝情報の変化から生まれる生物の多様化・進化

1 遺伝情報は細胞内において時間とともに変化する

遺伝情報であるDNAは細胞内において機能します。すなわち、遺伝情報は発現してRNAがつくられ、RNAからタンパク質がつくられます。この情報の発現の流れのことをセントラルドグマと呼びます（図2－1）。例えば、大腸菌には4000種類のタンパク質をコードしている領域からなる460万塩基対のDNAが細胞内に存在しています。遺伝情報は細胞から細胞へ継承されますが、それは細胞分裂前にDNAが複製（2コピー化）し、細胞分裂時にそれぞれの細胞へ分配されます。すなわち、細胞外に存在しているDNAがその機能を示すためには、その遺伝情報を発現できる細胞内に取り込まれる必要があります（図2－1）。バクテリアのような核を持たない単細胞生物では、細胞分裂が遺伝情報の継承を意味していますが、ヒトのような核を持つ多細胞生物では、遺伝情報は親から子へ継承されるので、父方と母方の生殖細胞だけがその役割を持ち、それらが接合することによって継承されます。

生物の種の系統を維持し、継承するためには、子孫へと遺伝情報を伝えなければなりません。遺伝情報の継承は、細胞分裂におけるDNAの複製と、それらを2つの細胞へ分配することを基本としています。すなわち、細胞分裂において必要なことは、正確なDNAの複製と、その遺伝情報を発現させる（細胞内で機能させる）ためのシステムを、それぞれの分裂細胞に分配するこ

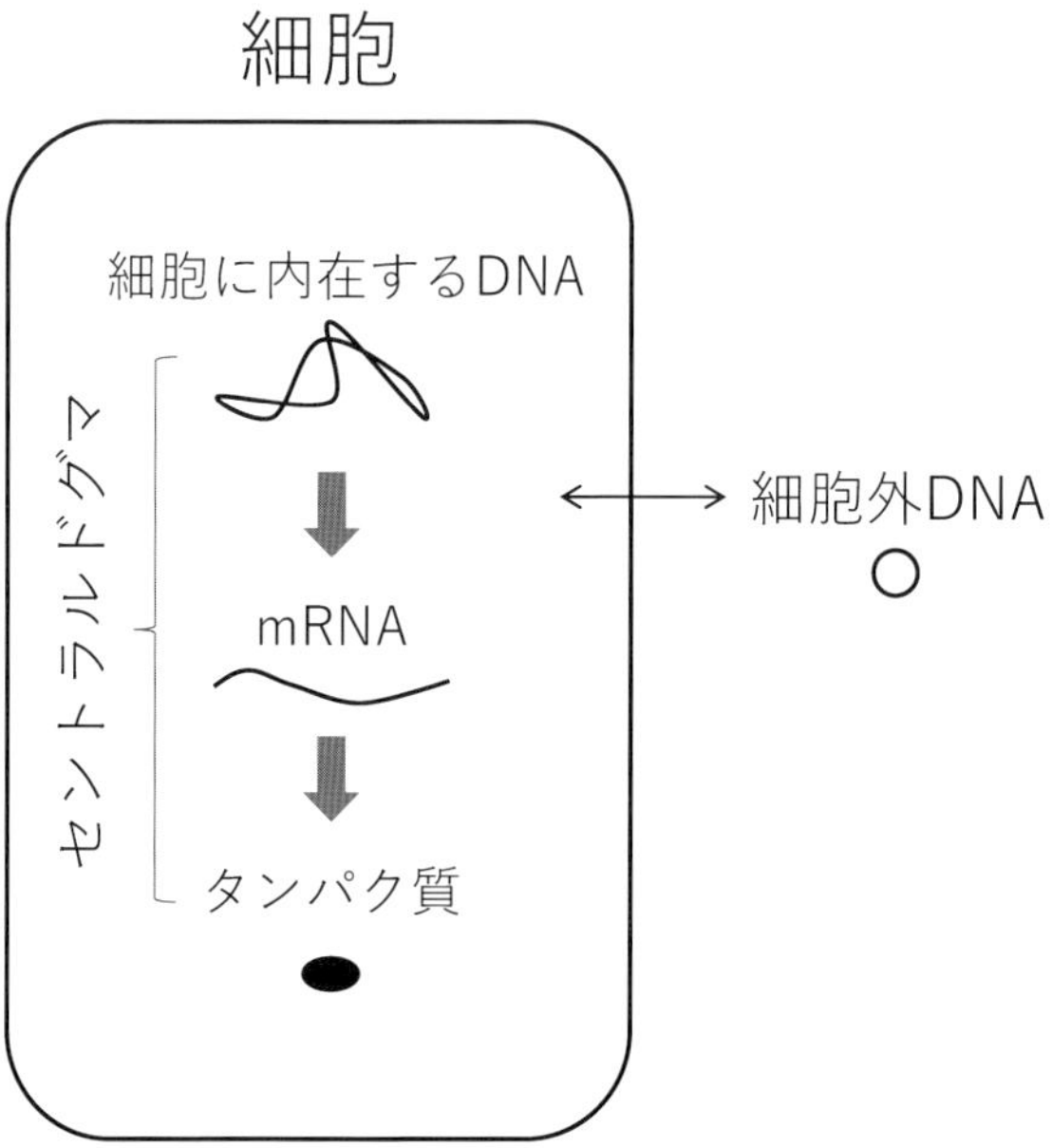

図２-1　セントラルドグマ

生命の最小単位である細胞では遺伝情報をコードするDNAからmRNAがつくられ、mRNAの塩基配列に基づいてタンパク質がつくられています。mRNAのほかにもrRNAやtRNAなどがDNAからつくられますが、これらはRNA構造のまま細胞内において機能します。DNAからmRNAを経てタンパク質となる、この情報の流れはすべての細胞で共通しており、DNAの2重らせん構造の提唱者の一人であるクリックは、セントラルドグマと呼びました。

とにあります。このことによって、例えば大腸菌は大腸菌、枯草菌は枯草菌を生み出し、大腸菌から枯草菌は生まれませんし、枯草菌から大腸菌は生まれません。それぞれのバクテリアはそのバクテリアのゲノムＤＮＡとともにそのＤＮＡから情報が発現するシステムを継承しています。他方、正確な遺伝情報の分配からは、新しい生物種が誕生することはなく、ひたすらクローン（遺伝情報が同一の生物）が誕生するだけの世界になります。しかし、現実はそうではなく、約40億年前に生物が誕生して以来、生物は多様化を続け、現在の地球には多種多様な生物が存在しています。この生物多様性が意味していることは、これまでの生物の40億年の歴史を考えると、生物は「正確な」遺伝情報の継承をしてきていないということです。すなわち、一度の細胞分裂においては、（ほとんど）完全に一致した遺伝情報が受け渡されているように見えますが、何千万年、何億年というような長い時間をかけると確実に遺伝情報は変化して継承されていることになります。生物の多様化や進化は、この遺伝情報の変化によって生じていると言えます。このことは一見「正確に」継承されていると見えたものが、実際にはそうではなく、「完全に一致しないように」遺伝情報を継承するシステムを生物は維持してきたことを意味しています。

細胞内におけるＤＮＡが変化する場合

遺伝情報の変化はＤＮＡの塩基配列の変化のことですが、この変化は細胞内で生じます。すなわち、遺伝情報が変化している場は細胞であり、細胞の外である環境中ではありません。環境中に存在している細胞外のDNAは塩基配列が変化することはありませんが、時間とともに物理的あるいは化学的に分解します。分解によって塩基配列は変化しません。遺伝情報が寸断されるだけです。

DNAの塩基配列が変化する時と場はいくつか存在しています。真核生物の場合には性が存在し、異なる個体が持っている遺伝情報が混合されて次世代へ継承されます。例えば、ヒトの場合には、父方と母方の遺伝情報が混合されて継承されています。しかし、バクテリアのような単細胞生物では一般的な性が存在せず、細胞分裂によってクローンを生み出すシステムとなっています。その状況において遺伝情報が変化するのは、一つには、DNAが複製する（コピーをつくる）際にエラーが生じて、それが継承されるときです。この場合のエラーの多くは、塩基配列における1塩基置換です。第1章で述べたように、大腸菌の一回の細胞分裂における1塩基置換が一つの塩基位置において生じる割合は10の9乗分の1程度です。[1] 1塩基置換の影響が直ちに細胞への変化として現れることはまず起こり得ません。ただ、タンパク質におけるアミノ酸の変化を伴い、その変化がタンパク質の機能変化をもたらす場合には影響があります。もちろん、長い年月をかければ、置換する部位が増加するため細胞の多様性をもたらすと考えられますが、その生物の集団の大きさなどが関与します。

また、細胞の中に存在しているDNAの中を移動できるトランスポゾンやレトロトランスポゾンと呼ばれる転移因子があります。もちろん、これらの転移因子も細胞内に存在しているDNA

を構成している一部の領域です。このような転移因子は、ゲノムDNA中を移動するため、ある遺伝子の中にトランスポゾンが飛び込んで来るとその遺伝子の機能が失われます。トランスポゾンやレトロトランスポゾン（およびそれらの由来と考えられる領域）のゲノムDNAに占める割合は極めて高い（特に動物や植物のゲノムにおいて高い）ことがゲノム塩基配列を調べると分かってきました。このように遺伝情報の変化は、DNAの塩基配列が変化することによって生じています。

細胞外DNAと細胞内DNAが出会うには

細胞内には一つのDNAだけが存在しているとは限りません。真核細胞では細胞内に核とミトコンドリア、植物の場合には核とミトコンドリアと葉緑体が存在しています。核内にあるDNAを染色体DNAと呼びますが、ミトコンドリアと葉緑体にもそれぞれのDNAが存在しています。真核生物の多くは多細胞生物であり、さらに遺伝に関する細胞は生殖細胞だけであり、体細胞ではありません。また、それぞれの細胞では核が存在し、その中に遺伝情報である染色体DNAが収納されています。よって、細胞外のDNAが細胞内に侵入し、それらが継承される率が極めて低いと考えられます。それに対して、バクテリアには核やミトコンドリアのような細胞内器官が存在していません。しかし、多くのバクテリアは細胞に異なるDNAを持っています。それらはクロモソームDNAとプラスミドDNAです。異なるクロモソームDNAを複数、細胞内に持っているものもあり、プラスミドと第2、第3のクロモソームの違いについては明確になっていないものも存在しています。本書では、バクテリア細胞を中心に書いていますので、重要なことは、細胞を成立させている遺伝情報がクロモソームDNAであり、それを補足するものがプラスミドDNAであると考えてください。クロモソームDNAは異なる細胞間において水平伝播することができないのですが、プラスミドDNAは異なる細胞間を水平伝播することができます。また、プラスミドDNAにトランスポゾンが入っていることもあります。異なる細胞間を遺伝情報であるDNAが水平伝播する際、細胞の遺伝情報の大きな変化を生じさせます。この働きに関する研究が進んでいるものが、プラスミドとウイルスです。本書の主旨は、細胞外にはプラスミドとウイルス以外にも多くのDNAが存在しており、これらは水平伝播するのか？　その働きは何か？ということです。細胞外に存在しているDNAが細胞内に入るとき、細胞外と細胞内のDNAが出会う確率は核のない細胞の方が核のある細胞よりも高くなります。

DNAの塩基組成の違い

第1章で述べたようにDNAは核酸塩基アデニンとチミンあるいはグアニンとシトシンの間に生じている水素結合によって2重らせん構造になっています（図1－1）。よって、DNAの塩基組成はグアニン・シトシンペアの割合（あるいはアデニン・チミンペアの割合）で示すことができます。このグアニン・シトシンの割合（百分率）をDNAのGC含量と言います。塩基配列が違っていてもGC含量は同じ場合がありますが、GC含量が違っていると塩基配列は違っていることになります。バクテリアやアーキアにおけるゲノムDNAのGC含量は生物種によって大きくばらついています。そのため、系統分類学におけるそれぞれの分類グループの特徴の一つとして使われています。例えば、放線菌のグループは70％程度の高いGC含量、マイコプラズマのグループは30％程度の低いGC含量を持っています。それに対して真核生物のゲノムDNAのGC含量は、40数％をピークとした正規分布に近いものとなっています（図2－2）。DNAのGC含量が異なると、遺伝子が発現してタンパク質となった際のアミノ酸の組成（それぞれのアミノ酸の使用頻度）にも影響を与えます。[2] 興味深いことには、バクテリアのゲノムサイズとGC含量に正の相関関係があることが示され、真核生物に寄生するマイコプラズマや細胞内に共生や寄生するバクテリアのゲノムサイズが短くかつGC含量が低いことが報告されています。[3] このことと関連していると考えられますが、ミトコンドリアや葉緑体のDNAは染色体DNAに比べて極めて短いサイズであり、GC含量が低くなっています。現在生きている生物の種が異なるGC含量を持っていることは、生物の40億年の歴史において、DNAの塩基配列が変化して継承されてきたことを示しています。このGC含量の偏りがどうして生じてきたのか？　その生物学的意義は何か？　についてはまだ解明されていません。これらの問題を解決するには、現生する生物のゲノムDNAの塩基配列を決め、それらを比較するだけでは不十分であり、生物学的な実験を行う必要があります。これらの問題を解決することなく、ヒトがゲノムDNAをデザインするこ

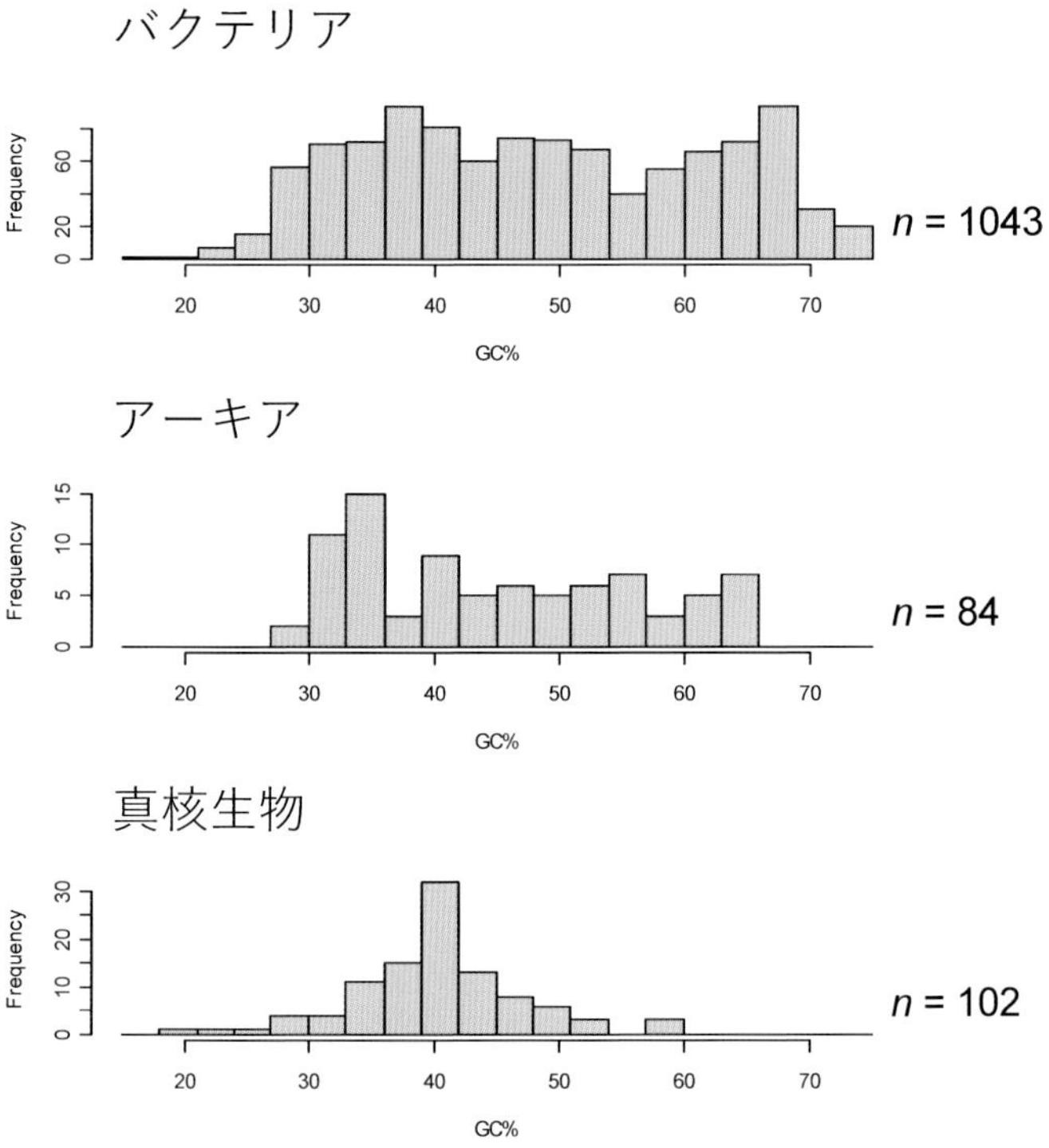

図2−2　ゲノムDNAの塩基組成の分布

個々の生物は、その生物を特徴づける遺伝情報のセット（ゲノム）を持っています。そのゲノムDNAの塩基組成（グアニン・シトシン含量、GC含量）の分布を調べたところ、バクテリア（1043種のゲノムDNA）やアーキア（84種のゲノムDNA）では、多数のピークを持つ幅広い分布になったのに対して、真核生物（102種のゲノムDNA）では1つのピークを持つ正規分布に近い分布となりました。

とはできないと私は考えています。

なお、グアニン・シトシンの水素結合の数は3か所であり、アデニン・シトシンの2か所よりも多いため（図1－1）、DNAの2重らせん構造における鎖と鎖の結合力は高くなっています。このため、GC含量の高いゲノムを持っている微生物は高温環境に適していると考えられてきました。しかし、多くの生物のゲノムDNAの塩基配列が決められて分かったことですが、生育環境の温度とそこに生育している微生物のゲノムDNAのGC含量には関連がないことが分かりました。[4]

また、興味深いことには、バクテリアにおけるクロモソームDNAは進化とともに（細胞分裂を繰り返すことによって）GC含量が低くなることが示され、グアニン・シトシンのペアがアデニン・チミンのペアに変化する率がその逆の変化よりもはるかに高いことが示されました。[5] ただ、放線菌のように70％程度の高いGC含量のクロモソームDNAを維持しているバクテリアが存在しています。このような高いGC含量のクロモソームDNAを持つバクテリアがどのように地球上に現れ、その高いGC含量を維持しながら生きているのかについてはまだ明らかにされていません。DNAにおけるGC含量の偏りは、塩基置換の蓄積によるものですが、それが生じる機構はDNAの複製時におけるエラーであり、DNA合成酵素（補足説明参照）と変異修復酵素の関連で生じます。[6] ただ、分裂を繰り返すとゲノムDNAのGC含量が高いバクテリアも低いバクテリアもGC含量が減少する方向に偏りを持っている理由については分かっていません。[5] ゲノムにおけるGC含量の偏りは生物学的に極めて興味深いことであるにもかかわらず、まだ明らかになっていないことが多々存在していることを読者の皆さんには分かっていただきたいと思います。

本章の第3節で詳細に示しますが、バクテリアのような単細胞生物における遺伝情報の変化に大きな影響を与えている要因は、外来性DNA（水平伝播により導入されたDNAを意味しています。その候補は環境中にある細胞外DNAだけではなく、細胞と細胞の接合を介して水平伝播するプラスミドDNAなども含みます）の細胞内における存在とそれに伴う宿主クロモソームへの外来性DNAの導入（組み込み）です。このようなダイナミックな遺伝情報の変化は、前述しました1塩基置換よりも生物の多様化や進化において大きな影響を与えたと考えられています。一般的に、宿主細胞とは異なる遺伝情報が細胞内で発現した場合の多くは、その宿主細胞において悪い影響を与えます。そのため、通常はクロモソームDNAに組み込まれた外来性の遺伝情報の発現は抑制されています（本章第4節）。その抑制にかかわるタンパク質（核様体タンパク質）が存在しており、クロモソームに組み込まれた外来性の領域に結合して、その領域からの遺伝子発現を抑制しています。ただ、前述したように、ゲノムDNAは進化とともに変化しています。そうすると、その変化にあわせて核様体タンパク質も変える必要があります（後述）。興味深いことに、異なるGC含量の領域に結合する核様体タンパク質が異なるプラスミドに遺伝子としてコードされていることが示され、プラスミドを介した核様体タンパク質遺伝子の水平伝播が強く示唆されました。[7]

GC含量の進化的意味

これまでに論文発表されてきたバクテリアのゲノムDNAのGC含量にかかわるものを考慮してGC含量の進化的意味について考えてみました。バクテリアのゲノムサイズはその進化に伴って減少する傾向にあり、サイズの減少とともにGC含量の減少も生じています。このことと関連していると考えていますが、バクテリアなどの単細胞性の微生物は細胞外からDNAを取り込んでいますが、その際、宿主細胞のクロモソームのGC含量よりも若干（数％）低いDNAが取り込まれています（本章第3節）。そこで重要なことは、DNAにおける変異は細胞内において生じており、細胞外では生じていないことです。転移性の遺伝因子として知られているプラスミドやウイルスが細胞外に放出された際、それらは細胞外では変異しないためにそのDNA塩基配列は変化せず、GC含量は維持されます。しかし、宿主細胞の中では進化とともにゲノムDNAの変異は増大していき、GC含量が減少する方向に偏りを持ってDNA塩基配列が変化します。よって、細胞外に放出されたウイルスやプラスミドなどの転移性遺伝因子が宿主細胞に出会わない期間が長くなればなるほど、放出した後の宿主細胞のゲノムGC含量が減少するため、放出前の宿主細胞よりも若干低いGC含量を持つ転移性遺伝因子としてその宿主細胞に再び取り込まれることができない状況にやがてなります。その際、プラスミドやウイルスは、元の宿主バクテリアとは異なる、それら転移性遺伝因子のGC含量よりも若干高いGC含量を持っている宿主細胞への侵入を試みる必要が生じ、その試みが成功した場合には宿主細胞の変更が生じたことになります。

このような転移性遺伝因子と宿主細胞の進化的関係のため、環境中ではどの細胞でもよいのではなく、GC含量の制約のもとに、もちろん、それ以外の制約やルールがある可能性はありますが、細胞外の転移性遺伝因子の流れ（動き）が生じていると考えられます。[8] この環境中における転移性遺伝因子のGC含量の違いに基づく動きは、宿主細胞が自身のクロモソームDNAのGC含量よりも若干低いGC含量を持つ転移性遺伝因子を取り込むという偏りを持つために生じています。私が調べた限りにおいて、宿主細胞のクロモソームDNAのGC含量よりも高いGC含量を持つプラスミドなどはほとんど存在しませんでした。[9] このことによって、転移性遺伝因子の転移先がかなり限定されることになります。これは生物の40億年の歴史の中でつくり上げられてきたシステムの一つであると考えています。

転移性遺伝因子の進化的意義を調べるには

自然界における転移性遺伝因子の動きに偏りがある場合には、その偏りを壊した場合には、どのようなことが生じるかを実験によって確かめる必要があります。もし、プラスミドなどの転移性遺伝因子を含むさまざまな細胞外DNA（異なるGC含量を持つ）とクロモソームGC含量が異なる宿主バクテリア細胞の組み合わせでDNA導入実験ができた場合には、GC含量の違った組み合わせによって、それぞれの宿主細胞内における外来性DNAの細胞内安定性を評価できます。そのようなことができると、上記のような転移性遺伝因子の環境における動きに関する仮説が正しいかどうかを判別でき、新たな知見を得る可能性があります。そのためには、マイクロインジェクション（極めて細いガラス管を細胞に突き刺すことによって、細胞内に物質を導入する技術、第5章参照）のような物理的にDNAを細胞に導入できる実験系の構築が必要であると考えています。

私は、バクテリアやアーキアのゲノムDNAのGC含量と真核生物のゲノムのGC含量の分布の違いが生じている主要因が遺伝情報の水平伝播であると考えています。前述した環境中における転移性遺伝因子の動きはバクテリアやアーキアについてのことです。転移性遺伝因子が遺伝に及ぼす影響が真核生物よりもバクテリアやアーキアの方が大きいためと考えられます。生物進化の40億年の間に試行錯誤を繰り返して到達した動きかもしれません。このような生物が膨大な時間を使って行ってきたことを実験室において再現することや検証することはできるでしょうか？私たちはこのような壮大な課題に向き合い、実験計画や実験方法などについて試行錯誤を繰り返さなければなりません。バクテリアやアーキアにおけるゲノムDNAのGC含量の違いを細胞外DNAのことを含めて、いま一度考える必要があります。

2　地球で最初に存在した細胞

ＤＮＡの機能は細胞内において示されること、遺伝情報であるＤＮＡの継承は完全一致ではなく行われ、それが生物の多様性をもたらしたこと、進化初期には細胞および遺伝情報の多様化のレベルが高かったと考えられることを念頭において、この節を始めます。

現生細胞の分類

さて、最初の細胞を考える前に、現在の生物の細胞はどのような多様性があるでしょうか。細胞は生物の最小単位なので、生物の多様性が細胞の多様性に直結しています。本章第1節で述べたように、細胞内ではＤＮＡからＲＮＡが合成され、ＲＮＡからタンパク質が合成されています(図2－1)。ＤＮＡにコードされている遺伝情報が発現する第1ステップが、このＲＮＡの合成です。ＤＮＡの2重らせん構造がほどけて、その一方の鎖を鋳型として、その鋳型の塩基配列と相補的なシークエンスを持つＲＮＡが合成されます。ＲＮＡとＤＮＡの違いは、糖の構造と核酸塩基の種類にあります。糖はＲＮＡではリボースであり、このリボースにおけるヒドロキシ基の一つが還元されて水素に代わったものがＤＮＡの糖であるデオキシリボースです。また、核酸塩基のチミン以外はＤＮＡと共通ですが、ＤＮＡにおけるチミンに対してＲＮＡではウラシルとなります。どうして一つの核酸塩基だけが違っているのか、私は知りません。RNAの合成において重要なことは、DNAの2重らせん構造のどちらかの鎖構造を鋳型として、その配列に対する相補鎖のRNAを合成することです。DNAにおいて遺伝子がコードされている領域においては、一般的には遺伝子発現（RNA合成）はどちらか一方の鎖からしか生じないということです。このようにDNAの2重らせん構造がほどけるときは、複製のときと遺伝子発現のときですが、どちらの場合においても、一方の鎖構造を鋳型として、その相補配列を持つものがつくられます。

RNAには異なる機能を持つものがあり多様性がありますが、中でも重要な機能は、DNAにコードされている遺伝情報をタンパク質にする際の仲介役を担っているもので、メッセンジャーRNA（mRNA、伝令RNA）と呼ばれています。すなわち、DNAからRNAが合成され、そのRNAの情報（塩基配列）に基づいて、タンパク質がつくられています。mRNAのようにDNAの遺伝情報をタンパク質にする際の仲介役としての機能だけではなく、RNAとして細胞内で機能するものがあります。その代表的なものがリボソームRNA（rRNA）です。rRNAはリボソームタンパク質と複合体を形成し（大腸菌では、3種類のrRNAと55種類のリボソームタンパク質によって複合体を形成しています）、リボソームとして機能します。リボソームはRNAからタンパク質を合成する機能を持つため、細胞が生きるために必須のものです。そのため、その構造はすべての生物においてよく保存されており、遠縁の生物間においても塩基配列を比較することができます。このrRNAの塩基配列を比較することによって、アメリカの著名な微生物研究者カール・ウーズはすべての生物の系統進化関係を明らかにしました。

ここで分子系統学について少し説明したいと思います。rRNAの塩基配列を比較することが、なぜ生物の系統進化関係を示すことになるか、ということです。分子系統学は、細胞から細胞へ継承されてきた遺伝情報の系譜をたどることによって生物の系統進化を研究する分野です。各々の遺伝子はそれぞれ異なる遺伝情報を担っていますので、進化の過程における遺伝子の変化の度合いも違っています。また、水平伝播によって獲得したような遺伝子の場合、生物の細胞の系譜をたどる際には誤りを導いてしまいます。分子系統学で比較される遺伝子やその遺伝子産物のことを分子時計と呼ぶことがあります。この分子時計は、すべてが同じリズムで時間を刻んでおらず、全生物の系統進化を比較するためには、極めて遅いスピードで変化している分子時計を使う必要があります。極めて遅いスピードで変化している遺伝子は、機能的制約が強く、変化するとうまく機能できません。言い方を変えると、異なる生物間においても極めて保存され、似ていることが要求されます。rRNAやrRNAをコードしている遺伝子（rDNA）はそのような分子時計のため、全生物の系統進化解析に使用されています。

さて、本題へ戻します。ウーズが明らかにするまでは、細胞は原核細胞と真核細胞に大きく二つに分けられると微生物学や細胞生物学の教科書に載っていましたが、原核細胞はバクテリアとアーキアの二つの系統に分かれ、アーキアがバクテリアよりも系統進化上は真核細胞に近縁であることが分かりました。[10] これは生物の分類体系における3ドメイン説と呼ばれています。この説が革新的なことは、原核生物と言われていた生物群が、系統進化的に異なるバクテリアとアーキアに分かれたことであり、アーキアがバクテリアではなく真核生物と単系統群を形成したことより、「原核生物」というグループは、生物の系統進化を反映したものではないことが示されたことです（図1－2）。

もう少し詳しく述べます。生物の系統関係を調べる際には、系統進化関係を調べる生物群とは異なる外群（アウトグループ）が必要となります。対象の生物群の中で最もアウトグループに近い生物が、その生物群において最初に分岐した生物と考えます。では、前述の全生物の共通祖先の位置はどのように調べたのでしょうか？　全生物を対象とするため、アウトグループが存在していない問題をどのように解決したのでしょうか？

図1－2における共通祖先の位置を明らかにした研究は、遺伝子の重複を巧みに取り入れたものでした。遺伝子の重複とは、ＤＮＡにコードされたある遺伝子が重複して二つの同じ遺伝子を生じることですが、それらの二つの遺伝子に異なる変異が生じることによって、機能の異なる二つの遺伝子が生じることにつながります。現在の遺伝子の中には、過去において共通の遺伝子であったものが多く存在しています（共通祖先を持つ機能が違っている遺伝子をパラログ、機能が同じ遺伝子をオルソログと呼びます）。この遺伝子重複は進化の過程で何度も生じたと考えられています。そこで、全生物に多様性が生じる以前に全生物の共通祖先において重複した遺伝子がある場合には、それらの比較をすると、根元を一つにした対称な系統関係を得ることができます。

その際のそれぞれの遺伝子における系統樹が全生物の系統関係であるというものです。[11] この方法が決定打となって、共通祖先の位置が決まり、アーキアがバクテリアよりも真核生物に近縁であることが明らかになりました。

最初に存在した細胞

さて、地球で最初に存在していた細胞とはどのようなものでしょうか。真核細胞の成り立ちには、バクテリア様生物の細胞内共生によって生じたミトコンドリアや、植物細胞の場合にはさらに葉緑体の存在が必要です。よって、最初の細胞は真核細胞ではなく、核を持たないバクテリア様の細胞であったと考えられます。

問題は、その細胞の表層です。バクテリアの細胞の構造は、大きくグラム陽性と陰性に分けられます（この違いは、グラム染色という方法で染まるものを陽性、染まらないものを陰性とすることによります）。グラム陽性バクテリアは細胞膜の外側に細胞壁を持った構造であり、グラム陰性バクテリアは細胞膜の外側に細胞壁、さらにその外側に外膜を持った構造です。細胞壁はペプチドグリカン層と呼ばれています。一般的には、グラム陽性の方がグラム陰性よりも分厚いペプチドグリカン層を持っています。また、多くのバクテリア細胞では、最も細胞の外側に存在して表層を覆うことができるタンパク質（S層タンパク質）でコーティングされています。このS層タンパク質は自己組織化によって細胞表層を覆うことが分かっています。[12] これはウイルスがその表層を自己組織化するタンパク質であるカプシドで覆うこと（本章第3節）と似ているように思います。このような現在のバクテリアの細胞表層構造は数十億年の進化の過程で構築されたと考えられるので、最初の細胞の表層はもっとシンプルであったと考えられます。[13]

興味深いことには、バクテリアに関する進化研究より、生物進化の最も初期から分岐しているバクテリアが高度好熱性バクテリアであることが示されています。例えば、アクウィフェクスは温泉や海底火山から分離され、95℃でも生育可能なグラム陰性のバクテリアです。[14] また、超好熱細菌サーモトガも進化初期に分岐したバクテリアであり、グラム陰性です。[15] すなわち、細胞が誕生した環境に近いと考えられる高温環境中に今も生育しているバクテリアは外膜を持っているということです。このことより、私は進化初期のバクテリア様細胞は単膜ではなく、複数の膜を持っていたと考えています。[13] もちろん、アクウィフェクスやサーモトガは現在に生きているバクテリアであり、進化初期のバクテリアの性状をどれほど残しているかどうかは不明なので、私の想像の域を出ません。

細胞のアイデンティティと多様化

進化初期の細胞表層についてはここでは結論が出ませんが、細胞が継承されるために考慮しなければならないことは、細胞のアイデンティティの維持と多様性の促進ということです。地球における最初の細胞が自己のアイデンティティだけを維持し、それを正確に継承していた場合には、現在のような多様な生物体系は生じていないと考えられます。また、多様性の促進だけで進化した場合には、生物系統群のまとまりが形成されないもの（無秩序な集合）になっている可能性があります。この相反する二つの性状は、進化の過程においてバランスを保ちながら継承されてきたと考えられます。多様性の促進のレベルが最も高かった時期は、最初の細胞が地球に生じた時期であると考えられます。現在は、最初の細胞が生じた時期に比べれば、多様性の促進レベルが低くなり、生物系統ごとのアイデンティティの維持のレベルの方が高いかもしれません。ただ、細胞の多様性は遺伝情報の多様性に依存するので、細胞に環境からのＤＮＡが取り込まれる率が高い方が多様度は高いことになります。さらに細胞分裂によって同じ遺伝情報を持っているものを生み出さず、遺伝情報の一部だけを継承する方が多様度は高くなりますし、細胞間で融合する率が高い方が多様度は高くなります。このような多様度を高めるシステムは細胞のアイデンティティを低下させることになります。ですから、最も多様度の高い状況であったと考えられる生物進化上の最初の細胞においては、細胞のアイデンティティが生じていなかった時期もあると考えられます。そのような環境では、細胞が自身と異なる遺伝情報（自身の遺伝情報の一部だけ）を持つ細胞を生み出していた可能性が高く、その際、自己増殖可能なものが産出される場合は限られていたかもしれません。

最初の細胞はアイデンティティを確立していなかったとしても、細胞としての性質は持っており、細胞内外の区別、ＤＮＡの分配と細胞分裂は生じていたと考えられます。しかし、現在のような秩序を持ったものではなく、不規則な分配および分裂であったのではないでしょうか。細胞表層には、細胞壁が存在していないプロトプラスト（細胞膜だけで覆われた細胞）のような状態であり、L型バクテリアと呼ばれるものに近かったと考えられています。[16] 初期の細胞には細胞壁がなく、バクテリアの進化とともに細胞壁が生じたと考えられます。このことは、細胞壁が細胞の構造維持だけでなく、おそらく生物種のアイデンティティの維持にもかかわった可能性が高いことを示唆しています。

バクテリアの細胞の維持や形状を保つためには、細胞壁が重要な役割を果たしています。しかし、細胞壁を欠いた状態でも生きることができるバクテリアがいます。マイコプラズマは細胞壁を欠いたバクテリアです。ただし、バクテリアの進化の初期の形状を維持しているわけではなく、進化の過程で細胞壁を失ったと考えられています。[16] 細胞壁を持っていないため、ペニシリンなどの細胞壁を標的とした抗生物質は効きません。このことは、通常細胞壁を有しているバクテリアであっても、細胞壁合成を停止し、細胞壁を持たない状態で生きていければ、細胞壁を標的とした抗生物質に耐性を示すことになります。抗生物質の多くがバクテリアの細胞壁およびその生合成をターゲットして生育を阻害します。これらの抗生物質への耐性を持つバクテリアの出現は社会問題化していますが、その耐性バクテリアの出現が抗生物質抵抗性の遺伝情報をコードしているプラスミドの獲得によるものであると考えられており、そのことを前提として対策がとられています。しかし、実際には、細胞壁の合成を停止させたバクテリアも耐性を持っており、そのようなバクテリアの出現も考慮した対策が必要であると考えられます。

私は、機能が分からないＤＮＡの機能解析には細胞が必要であり、その細胞は多様な系統の生物由来の細胞が準備される必要があると考えています。ただ、現在の分子生物学的方法による細胞へのＤＮＡの導入には限界があるため、これらさまざまな細胞へのマイクロインジェクションによる細胞内へのＤＮＡ導入が最も有効な方法であると考えています。しかし、現状のバクテリア細胞は小さいため、マイクロインジェクションのニードルを刺すことができません。そこで、細胞の大きさや形を決めている細胞壁を除去した細胞を使って細胞を巨大化する実験を行っています。

繰り返しになりますが、地球に最初に誕生した細胞には細胞壁は存在しておらず、遺伝的な多様性を高めるため、細胞膜からの細胞外ＤＮＡの取り込みが盛んに行われていたと考えられます。また、細胞分裂は規則性を欠くものでしたが、中には遺伝情報の複製を可能とするＤＮＡ断片が継承されたようなものが生み出されており、そのためには細胞膜も合成されて大きくなる必要があったと考えられます。第5章で示しますが、細胞壁を欠いたバクテリア細胞を巨大化（細胞膜の合成）し、その細胞へのＤＮＡの導入実験は、生物進化の初期に誕生した細胞の生き方を（ある程度）模倣したものと考えています。

3　遺伝情報は異なる細胞間を移動する

細胞外ＤＮＡの細胞への侵入とその後の細胞内での存在は遺伝情報の変化に大きな影響を与えます。入ってきたＤＮＡが細胞内で遺伝情報として機能した場合には、宿主細胞への影響が大きく、直ちに細胞の変化として現れる可能性があります。この異種ＤＮＡ（その細胞とは異なる生物種保有のＤＮＡ）が細胞内に入るような現象を遺伝情報（ＤＮＡ）の水平伝播と呼ぶことは第1章の〝遺伝情報が変化するとき〟でも少し述べましたが、40億年の生物進化において、最も大きな影響を与えた遺伝情報の水平伝播は、ミトコンドリアおよび葉緑体の祖先バクテリアの細胞内共生です。ミトコンドリアや葉緑体の成り立ちには時間がかかりますが、最初はＤＮＡが水平伝播するのではなく、細胞そのものが異なる細胞へ取り込まれました。その出来事ののち、細胞内に取り込まれたバクテリアの遺伝情報（ＤＮＡ）が宿主細胞のクロモソームＤＮＡに徐々に移動し、最終的には大半の遺伝情報が宿主クロモソームへ移動しました。この移動によって、宿主細胞はミトコンドリアや葉緑体を制御するように進化してきました。その名残として、ミトコンドリアや葉緑体には短くなったＤＮＡが保持されており、これらがそれぞれの細胞内器官のアイデンティティと考えられます。正確に言えば、ミトコンドリアや葉緑体は、完全に宿主細胞の制御下に置かれておらず、独立に共生者としての振る舞いも行っています。

バクテリアは積極的にDNAの水平伝播による獲得を行って、自身のゲノムサイズを増加させて特定の機能に対して複数の遺伝情報を持つのではなく、ゲノム情報を減少させる方向に偏りを持って進化してきたと報告されています。[17][18]そのため、生命の歴史の間に、細胞が欠失させた遺伝情報を再び必要となることが度々生じていたと考えられます。細胞外からの遺伝情報の獲得は、そのような際に必要となっていると考えられます。すなわち、細胞外に存在しているDNAはそれを受け入れることができる生物種の共通の遺伝情報であると考えることができます。この考えは、特定の生物種だけではなく、バクテリアなどの単細胞性の微生物は一般的に細胞外のDNAを水平伝播で獲得できるようになっているというものです。

ウイルスとプラスミド

水平伝播する遺伝因子として知られているものはウイルスとプラスミドです。第1章で述べたように、本書ではウイルスやプラスミドを生物としては扱いません。生物の最小単位は細胞であると考えています。ウイルスやプラスミドは細胞間を水平伝播します。

ウイルスは、DNAやRNAの自身の遺伝情報をタンパク質によって形成した殻の中に保護した状態で環境中に存在しています。バクテリア並みのDNAを持つ巨大ウイルスも発見されていますが、[19]ウイルスだけでは複製も転写も翻訳もできず、分裂増殖することができません。そのため、ウイルスは寄生する宿主細胞が必要となり、その細胞に侵入し、その宿主細胞のセントラルドグマ（図2－1）を利用し、自身の核酸（DNAまたはRNA）を複製しコピー数を増やします。さらに、その遺伝情報にコードされている遺伝子を発現させて、ウイルスの表層を覆い保護しているタンパク質（カプシド）などの生産を宿主細胞内で行っています。その表層タンパク質は自己組織的に構造をつくり、その内部に自身の遺伝情報をコードする核酸を包含します。このようにして、宿主細胞内においてウイルスは増殖し、やがて細胞を破壊して環境中へ出ていきます。すなわち、ウイルスは増殖可能な宿主細胞と環境中において出会わない限り増殖できません。

なお、RNAを遺伝情報に持つウイルスにおいてRNAからDNAを合成する酵素が見つかり、逆転写酵素と名づけられました。この発見は1970年に異なる研究室から独立に発表され、セントラルドグマ（図2－1）とは逆方向にも遺伝情報が流れることが初めて示されたことで重要です[20][21]。おそらくさまざまな塩基配列を持ったRNAが環境中にも存在していると考えられます。中国で発生し、瞬く間に世界に拡散している新型コロナウイルスもRNAを遺伝情報として持つウイルスです。前述しましたが、生物はアイデンティティの維持とともに遺伝情報の多様化を行ってきました。生命誕生時では多様化の方に重点が置かれ、現在ではアイデンティティの維持に重点があるように考えられています。しかし、新型ウイルスの蔓延などを目にすると、現在においても、真核生物においても遺伝情報の多様化が進行していることを意味しているように感じられます。話を元に戻しますが、RNAを遺伝情報として持つものもいますが、本書ではDNAを遺伝情報の本体として取り扱っています。また、遺伝情報とはDNAの塩基配列であるという考えに従って書いています。

バクテリアが持つウイルスに対する防御機構

バクテリアはウイルスへの防御機構をいくつか持っています[22]。なお、バクテリアを宿主とするウイルスはファージと呼ばれることがあります。ウイルスが細胞内へ侵入しないようにすることもその一つの防御機構ですが、侵入したウイルス由来のDNAを標的とした分解機構が存在しています。分子生物学の発展に大きく寄与した遺伝子工学において重要な酵素が制限酵素です。制限酵素はDNAの特定の塩基配列（多くの場合、4塩基あるいは6塩基の回文構造）を認識して、その領域あるいはその近傍でDNAを切断する活性を持ちます。そのため、ウイルス由来のDNAが制限酵素の認識配列を持っている場合、その領域近傍で切断されます。また、宿主のクロモソームDNAに存在している制限酵素が認識する塩基配列の領域は核酸塩基のアデニンあるいはシトシンがメチル化という修飾を受けて保護されることによって、制限酵素が切断できないようになっています。このDNAをメチル化修飾する酵素をDNAメチル化酵素と呼び、アデニンをメチル化するものとシトシンをメチル化するものがあります。バクテリアの種によってアデニンとシトシンの割合が違っているので、アデニンの含量が極端に多いバクテリアにはアデニンメチル化酵素、シトシンの含量が多いバクテリアにはシトシンメチル化酵素が存在する傾向があります[18]。

さらにバクテリアには、一度感染を許したウイルスの遺伝情報の塩基配列の一部を記録し、次にそのウイルスに感染した場合に、そのウイルスの増殖を阻止する術を持っています。二度目のウイルスの感染に対応するためには、一度目のウイルスの感染に対して生き残る必要があります。もし、一度目の感染でバクテリアが全滅する場合には、この術を活かすことはできません。バクテリアのクロモソームＤＮＡには、感染したウイルスの一部の遺伝情報（塩基配列）を記録する領域があり、その領域をClustered Regularly Interspaced Short Palindromic Repeats（CRISPR）と呼びます。再度そのウイルスが感染した際に、その記録していた領域から発現したＲＮＡがウイルス由来の核酸と結合し、その結合領域を特異的に認識する酵素によって切断します。よって、バクテリアＤＮＡのCRISPRの領域には、過去に感染したウイルスの履歴が刻まれています。なお、このバクテリアのシステムを応用して真核生物を中心としたゲノム編集（２０２０年度のノーベル賞を受賞するなど最近は新聞やテレビなどでも紹介されることがあるので、聞かれたり目にしたりされた方も多いと思います）に使われています。[23]

ウイルスの起源については諸説あると思いますが、宿主細胞のシステムが存在しない限り、増殖し、継承されることはないことを考えると、もともとは細胞の中に存在していた一部の遺伝情報が細胞外に出たものであると私は考えています。また、バクテリアのウイルスに対する防御機構である制限酵素・修飾酵素システムが遺伝子工学で重要な技術となり、CRISPRシステムがゲノム工学の重要な技術となっていることは、特筆に値することであると思います。

このようにバクテリアが持っているウイルスへの防御機構を知ることから、遺伝子工学やゲノム工学における基盤技術が構築されていることは、基礎研究と応用研究のよい関連を示しています。特定のＤＮＡ配列をテンプレートとすることなく、細胞を創生する研究が始まりつつありますが、まだだれも成功していません。このことは私たちがまだ知らないバクテリアの生命システムがあるように思っています。時流に流されることなく、多くの若い研究者がバクテリアなどの微生物を研究対象として、実験、研究を展開してほしいと願っています。微生物学が研究分野として終焉を迎えていると考える研究者も見受けられますが、全く間違った認識であり、そのような考えで生物学は発展するはずがありません。そのことは強く指摘しておきます。

細胞外に存在するプラスミド

さて、細胞間を水平に伝播する遺伝因子としては、ウイルスのほかにプラスミドが挙げられます。プラスミドの研究も細胞内に存在しているものが中心となっているため、バクテリア細胞の接合におけるプラスミドの伝達などが知られています。ただ多くのプラスミドが環境中の細胞外にも存在していることが示されつつあります。プラスミドにはウイルスのような自身の遺伝情報を保護するカプシドのようなタンパク質が存在しておらず、裸の状態でＤＮＡが存在しています。多くのプラスミドは環状構造になっており、ＤＮＡの末端を欠いている状態（線状にはなっていません）になっています。ＤＮＡを分解する酵素には、前述の制限酵素などＤＮＡの内部を切断できるエンドヌクレアーゼとＤＮＡの末端から徐々に分解していくエキソヌクレアーゼの二つのタイプがあります。環状ＤＮＡはエキソヌクレアーゼの分解を受けないため、一般に環状構造のＤＮＡは線状構造のものに比べ安定性が高くなっています。

細胞外にＤＮＡだけで存在しているプラスミドは、化合物としてのＤＮＡであり、複製によって増えることはありません。しかし、プラスミドが特定の細胞内（宿主細胞）において複製できるＤＮＡシークエンスを持っている場合には、その宿主細胞と巡り会えた際には、その細胞内において複製することができます。すなわち、ウイルスと同様に細胞外では複製できず、特定の宿主細胞内においてのみ複製することができる生活環を持っていることになります。一般的には、ウイルスは宿主細胞を最終的には破壊しますが、プラスミドは破壊することはありません。それどころか、プラスミドには、宿主細胞が環境変化を乗り切るための遺伝情報がコードされていることがあります。例えば、抗生物質が環境中に存在している際には、それを分解できる遺伝情報を持つプラスミドを細胞に維持してそれを発現させることによって、その抗生物質への耐性を得ることが可能になります。おそらく、プラスミドについても、もともとは細胞内に存在していたものが細胞外へ出たものであると考えて特に問題ないように思います。まさに、前述しました「細胞外に存在しているＤＮＡはそれを受け入れることができる生物種の共通の遺伝情報である」との考えにプラスミドは合致していると思います。

ウイルスやプラスミドの生活環に関する研究は、細胞外を考慮せずに行うことはできません。

すなわち、転移性遺伝因子が細胞から細胞へ水平に伝播するためには、細胞外（環境）を介する必要があります。40億年の生命の歴史において、細胞外としての環境が大きく影響してきたことは明白であり、細胞の遺伝情報の進化に細胞外のＤＮＡが影響してきたと考えることができます。すなわち、細胞内に存在しているＤＮＡだけでは細胞の進化の全貌を明らかにすることはできず、細胞外のＤＮＡを含んだ細胞進化のシステムを解明する必要があると考えています。

4　細胞外DNAの多様性

環境中には、ウイルスやプラスミドのような機能性（宿主細胞において機能）のDNAが存在しています。ただ、機能が分からないDNAがどれほど環境中に存在しているか不明です。環境において、細胞外DNAが遺伝情報を発現させることなく、高分子化合物として機能している場合があります。その機能の説明のためには、バイオフィルムに言及する必要があります。バイオフィルムとは同種のバクテリア同士が環境中で結合しあって集団化することです。このバイオフィルム形成において、細胞外のDNAが細胞間結合に関与していることが報告されました。[24]論文にはこのDNAは、同種のバクテリア集団の中で一部のバクテリアが自らの細胞を崩壊させて、それらの細胞内に存在していたDNAをバイオフィルム化するバクテリアに供給していることが示されています。[25]この例は、遺伝情報としてのDNAとは異なる機能を示しており、異例と言えます。この節では、遺伝情報の本体であるDNAだけではなく、このような想像を超えるDNAの役割もあることを考慮して、細胞外DNAがどのように認識されつつあるかについて述べます。

地球上には多くのDNAが放出されてきた

地球に生命が誕生して40億年程度が経過しました。現存している生物のすべてがセントラルドグマに従っていることより、最初の生物もセントラルドグマ様のシステムを持っており、遺伝情報としてのＤＮＡを持っていたと考えられます（もちろん、初期の生物はＲＮＡを遺伝情報として持っていたということも考えられるかもしれませんが、ここでは言及しません）。40億年の歴史の中で、現存している生物の数とは比較にならない数の生物がこの地球で死んでいきました。このことは、環境中に想像を絶する量のＤＮＡが放出されたことを意味しています。遺伝学が細胞から細胞へ継承される遺伝情報を研究対象としているため、多くの研究者は、細胞外に放出されたＤＮＡは、やがて分解されて消えてなくなるものとして認識してきました。その中で、例外的にウイルスやプラスミドは環境中に存在している非細胞性のＤＮＡの存在形態として扱われています。しかし、ウイルスやプラスミドが細胞外の環境に存在できるようになるためには、進化的にも生態的にもそれなりの過程があったと考えられます。よって、地球上でこれまでに放出された大量のＤＮＡの存在形態の一つとしてウイルスやプラスミドが存在していると考えるべきであり、それらのほかにも存在しているＤＮＡがあると考えることは自然なことだと思います。あるいは、ウイルスやプラスミドがどのようにして誕生しているかについて考え、その中間体や前駆体の存在を知る必要があると考えています。

細胞内において機能解析が行われているウイルスやプラスミドのほかにも大量のＤＮＡが細胞外に存在していることは明らかです。ＤＮＡの水平伝播が生じていることは、ＤＮＡを取り入れるシステムを持っている細胞が存在していることを意味しています。環境において単細胞で生活しているバクテリアやアーキアの細胞は、多細胞で生活している細胞よりもDNAが取り込まれる頻度が高く、その影響も大きいと考えられます。また、微生物の系統群によって、DNAの取り込み率が違っており、[26]細胞外のDNAをどのように利活用するかについては、生物種によって多様性があると考えられます。また、興味深いことには、一部のバクテリアが細胞外にDNAを分泌していることも報告されています。[26][27]

生物種におけるGC含量の違い

それぞれの生物種のゲノムDNAの塩基組成（GC含量）には多様性が見られます。バクテリアやアーキアのゲノムDNAのGC含量の分布は、真核生物のような正規分布に近い分布とは大きく異なっていることが分かります（図2－2）。このことは、バクテリアやアーキアがそれぞれの生物種によって最適なGC含量を持っており、それらを維持している機構があることを強く示唆しています。

このような背景から、異種のDNAが細胞に水平伝播し、さらにクロモソームに挿入された場合には、GC含量の違いが生じる場合があると考えられます。実際、細胞内のクロモソームDNAの塩基配列にはその特徴が違っている領域があります。興味深いことには、外来性のDNA領域のGC含量は、細胞に（長く）内在しているDNA領域のGC含量よりも低い傾向にあります（本章第1節）。この偏りは極めて不自然に思えます。なぜならば、その細胞のクロモソームＤＮＡのＧＣ含量よりも高いＤＮＡも低いＤＮＡも細胞外の環境中には存在しているからです。しかし、実際には、低いＧＣ含量のＤＮＡだけが挿入されていることから、水平伝播あるいはクロモソームＤＮＡへの挿入の段階においてなにかしらの選択圧がかかっていることになります。そこで、ＤＮＡを水平伝播できるウイルスやプラスミドに関して、宿主のクロモソームＤＮＡとウイルスやプラスミドのＤＮＡのＧＣ含量を比較したところ、ウイルスやプラスミドのＧＣ含量はクロモソームのＧＣ含量に比べ低くなっていることが示されました。[9][18][28] すなわち、外来ＤＮＡの低ＧＣ含量は、水平伝播によって取り込まれた際、あるいは細胞内で安定的に存在する際にすでに選択されていることを示しています。

さて、クロモソームＤＮＡに挿入された外来性のＤＮＡのＧＣ含量が低くなっている現象は知られていましたが、その意味についてはっきりしたのは、それほど過去ではありません。バクテリアにおいて内在のＤＮＡよりも低いＧＣ含量の外来性ＤＮＡは、それを目印として特定のタンパク質（核様体タンパク質）が結合します。[29]〜[32] この核様体タンパク質が結合した外来性領域からの発現が抑制されることが明らかにされました。前述したように、生物種によってＧＣ含量が異なるので、外来領域のＧＣ含量についても違っています。よって、高いＧＣ含量のゲノムを持っている生物種の核様体タンパク質と低いＧＣ含量のゲノムを持っている生物種の核様体タンパク質は異なっています。

すなわち、バクテリアは外来性のＤＮＡの発現を抑制するシステムを保持しながら、自身のクロモソームDNAに取り込むことを行っています。一見、発現を抑制するDNAを保持することには意味がないように感じます。もちろん、最終的な外来性DNAの封じ込めのシステムである可能性もあります。しかし、バクテリアを取り巻く環境は一定ではありません。時には異なる種のバクテリアが生活領域を拡大するため、それ以外のバクテリアの種に対する攻撃（例えば抗生物質の放出）を行うことが考えられます。この攻撃によって存亡の危機に直面するバクテリアが生じるはずです。その際、攻撃を受けたバクテリアの種は、通常は発現を抑制していた領域からの遺伝子発現をオンにします。そのことによって、自身の細胞は破滅する可能性が高くなりますが、その破滅させる力、例えば細胞膜を溶菌させる力が外敵への起死回生の手段となる可能性も秘めています。バクテリアにおいて、一部の細胞による自己犠牲によって、残された集団を守るようなシステムが存在していると考えられています。このシステムは前述したバイオフィルム形成において細胞外DNAを提供する一部のバクテリアの挙動とよく似ているように思います。

利己的なDNAという観点

前述したように、細胞は生物の最小単位です。その中には、遺伝情報の本体であるDNAが存在しており、それが継承される必要があります。ここで、DNAに主眼を置いて進化を眺めてみましょう。DNAが存在しない細胞は細胞としての機能を持っていません。また、DNAは細胞内において増幅できるため、遺伝情報の継承のためには必ず細胞の中に存在している必要があります。よって、大腸菌のＤＮＡは大腸菌内で複製され、枯草菌のＤＮＡは枯草菌内で複製され、細胞分裂の際に分配されます。もし、特定の生物種の細胞が絶滅すると、その遺伝情報も消えることになります。しかし、ＤＮＡそのものが利己的であり、細胞外へ移動できるとなると、大腸菌が絶滅しても遺伝情報はどこかに残る可能性があります。細胞間を水平に伝播することが分かっているプラスミドやウイルスに宿主細胞のＤＮＡ情報がコードされるとなると、宿主細胞が絶滅しても遺伝情報の一部が生き残ることができます。このような生物の見方は、リチャード・ドーキンスによる「利己的遺伝子」の考え方によるものです[33]。生物は遺伝子の乗り物であるという考え方です。この考えに基づくと、ＤＮＡの一部（断片）は細胞から細胞へ従来の遺伝によって継承されるか、プラスミドやウイルスを介して細胞外に出たり、宿主細胞の死滅などによって細胞外に放出されたり、さらには再度、細胞に取り込まれ、また細胞分裂に伴った継承へ戻るという変遷を持つことになります。生物進化の時間の幅を大きくとればとるほど細胞外を考慮せずにＤＮＡの継承と分布を説明することはできなくなります。

進化の初期においては細胞および遺伝情報の多様化が頻繁に生じていたと考えられます。その際、ＤＮＡの水平伝播は、その多様化システムの中心として働いていたと考えられます。現在の生物は遺伝情報をほぼ正確に子孫へ伝える術を持っていますが、そこに完全なる遺伝情報のコピーを受け渡さないシステムをとっているのは進化の初期の名残であり、さらには将来においても生物が存在するためには必須のシステムであると考えられます。そのような観点から、細胞外に存在しているＤＮＡには重要な役割があり、そのことを明らかにすることは遺伝学を理解するために必須なことであると考えています。前述したように、単細胞で生活しているバクテリアなどの微生物は、ヒトなどの多細胞生物よりも外来性ＤＮＡの水平伝播による影響を強く受けていると考えられます。しかし、動物細胞や植物細胞にはミトコンドリアや葉緑体が存在しており、それらにはいまだに独自の遺伝情報であるＤＮＡを保持しています。このことは、バクテリアに生じている遺伝情報の多様化機構は、真核細胞生物においてもいまだに影響を与えうるものであることを強く示唆していると思います。

ＤＮＡの塩基配列の多様性

細胞内にはセントラルドグマが存在し、秩序を持ってそれぞれの細胞のアイデンティティを維持しています。しかし、細胞の多様化、これを「進化」と呼んでよいと考えますが、そのためには細胞内だけでは説明できないことが多々あります。その部分に、ウイルスやプラスミドを含む細胞外ＤＮＡが深くかかわっていることが分かりつつあります。細胞分裂とともに繰り返されてきた細胞内のシステムに細胞外ＤＮＡがどのように関与してきたかという観点から生物進化を考える必要があります。細胞外ＤＮＡの役割を知ることによって、細胞の進化を制御することができるかもしれません。これまでの遺伝学にどのように細胞外ＤＮＡを組み込んで理解していくかが問われています。そのためには、まずはどのようなＤＮＡが細胞外、環境中に存在しているかを知る必要があります。最近、このような観点から、海洋のウイルスの網羅的ＤＮＡシークエンス研究が行われ、一度の研究報告で20万近くの異なるウイルス集団について報告されました。[34]

もちろん、ＤＮＡのシークエンスデータだけでは、そこに刻まれた遺伝情報をすべて知ることはできません。機能解析をどのようにするかは今後の課題であり、多くの研究者がその課題に挑んでいます。では、ＤＮＡシークエンスを積み重ねることによってどのような研究展開が期待できるでしょうか？　読者の皆さんは、シークエンスを繰り返すことは意味がないと思われているのではないでしょうか？　遺伝情報がＤＮＡであり、その発現場所が細胞であり、細胞外に存在しているウイルスやプラスミドのような転移性遺伝因子の働く場も細胞です。その細胞では、遺伝情報の変化を伴いながら40億年の歴史を刻んできました。おそらく40億年前のＤＮＡは存在していないと考えられますが、40億年前のＤＮＡシークエンスは完全に失われているでしょうか？

原点に戻ると、本書ではＤＮＡの塩基配列の並びであるシークエンスが遺伝情報そのものであると考えています。現存しているＤＮＡのシークエンス情報をすべて明らかにできた場合、塩基配列情報の40億年の変遷を紐解くことはできないでしょうか？　もしかすると私たちがまだ分かっていないＤＮＡシークエンスの偏りや時間に沿った変化の方向性があるかもしれません。ＤＮＡの塩基配列には偏りが生じています。これは偶然にある方向へ偏ったのでしょうか？　生物は40億年かけてどれほどのＤＮＡの塩基配列パターンを試してきたのでしょうか？　私たちがまだ気づいていないことが必ずあると思います。それに気づくためにはＤＮＡの塩基配列情報の蓄積が必要ではないかと私は考えます。

DNAの塩基配列の生物学的機能を解明するために

大量かつ多様に環境中に存在している細胞外DNAの機能をどのようにすると解明できるでしょうか？　DNAの機能は、細胞内において生じるため、DNAを細胞内へ導入するか、あるいは細胞抽出液とDNAを混ぜて、その相互作用を調べるかの方法が必要となります。問題となるのは、遺伝情報が異なっている生物種では、細胞内に存在しているRNAやタンパク質が異なることです。機能が分からないDNAの機能を知るためには、どの生物種の細胞あるいはその細胞の抽出液を用いて実験すればよいのでしょうか？　類似配列に基づく検索を細胞外DNAに適用することには限界があります（第4章）。しかし、GC含量やゲノムシグネチャー解析（第3章）のように類似配列とは異なる方法での比較が可能となれば、細胞外DNAと近いDNAの性質を持つ生物種が分かる可能性はあります。ただ、その場合においても推測の域を出ません。実際の機能解析には、細胞そのものが必要となると考えています。

2010年、バクテリアであるマイコプラズマの細胞からクロモソームDNAを取り除き、そこに化学合成したDNAを導入し、細胞分裂を生じさせた実験結果が発表されました。[35]ただ、完全にゼロからゲノムDNAをデザインできる状況ではないので、化学合成する際にレファレンスとした塩基配列情報が使われました。その塩基配列は、宿主細胞となったマイコプラズマとは異なる種のマイコプラズマのクロモソームＤＮＡでした。[35] この成果は、「人工生命の創造」として世界中に発信され、バクテリアの細胞に存在しているクロモソームＤＮＡを取り換えることができることを示しています。化学合成されたＤＮＡは化合物ですが、細胞内において遺伝情報として機能したことになります。

この研究のインパクトは、化学合成したＤＮＡを導入したことにありますが、そのＤＮＡの塩基配列は、塩基配列情報が公開されているマイコプラズマのゲノム塩基配列に基づいて設計されました。前述したようにマイコプラズマのゲノムのサイズは短く、ＤＮＡを合成する際の手間が大腸菌などよりはるかに少なくて済みます。ただ、この実験を成功させるためには、大変な時間、労力、費用がかかり、大学の一研究室で実施できるものではありません。繰り返しになりますが、ＤＮＡの機能は細胞内でなければ分からないので、細胞へのＤＮＡの導入実験は必須の技術です。私は前述したマイクロインジェクションに注目し、大学の一つの研究室、一人の研究者が実験できるシステムの構築を目指しています（第5章）。細胞外には、さまざまなＤＮＡが存在していますが、それらは細胞において合成されたものであり、そのＤＮＡが細胞内に存在していた時には機能していたと考えられます。細胞外にある化合物としてのＤＮＡがかつての機能、あるいは異なる機能を示すことができる宿主細胞に導入できれば、その機能を見ることは可能であると考えています。

引用文献

[1] Alon U（2019）“An Introduction to Systems Biology: Design Principles of Biological Circuits” Chapman and Hall/CRC

[2] Sueoka N（1961）Correlation between base composition of deoxyribonucleic acid and amino acid composition of protein. Proceedings of National Academy of Science of United States of America 47, 1141–1149

[3] Moran NA（2002）Genome reduction in bacterial pathogens. Cell 108, 583–586

[4] 佐藤喬章、跡見晴幸（２０１５）超好熱菌の高温適応戦略、生物工学 93、４６８-４７２

[5] Hildebrand F, Meyer A（2010）Evidence of selection upon genomic GC–content in bacteria. PLOS Genetics 6, e1001107

[6] Wu H, *et al.*（2014）The quest for a unified view of bacterial land colonization. ISME Journal 8, 1358–1369

[7] Takeda T, *et al.*（2011）Distribution of genes encoding nucleoid–associated protein homologs in plasmids. International Journal of Evolutionary Biology 2011, 685015.

[8] Nishida H（2012）Evolution of genome base composition and genome size in bacteria. Frontiers in Microbiology 3, 420

[9] Nishida H（2012）Comparative analyses of base compositions, DNA sizes, and dinucleotide frequency profiles in archaeal and bacterial chromosomes and plasmids. International Journal of Evolutionary Biology 2012, 342482

[10] Woese CR, *et al.*（1990）Towards a natural system of organisms: proposal for the domains Archaea, Bacteria, and Eucarya. Proceedings of the National Academy of Science of the United States of America 87, 4576–4579

[11] Iwabe N, *et al.*（1989）Evolutionary relationship of archaebacteria, eubacteria, and eukaryotes inferred from phylogenetic trees of duplicated genes. Proceedings of the National Academy of Science of the United States of America 86, 9355–9359

[12] Sára M, Sleytr UB（2000）S–layer proteins. Journal of Bacteriology 182, 859–868

[13] 西田洋巳（２０１９）バクテリアの細胞表層構造と細胞の巨大化、富山県立大学紀要29、77-83

[14] Burggraf S, *et al.* (1992) A phylogenetic analysis of *Aquifex pyrophilus*. Systematics and Applied Microbiology 15, 352–356

[15] Achenbach–Richter L, *et al.* (1987) Were the original eubacteria thermophiles? Systematics and Applied Microbiology 9, 34–39

[16] Errington J (2013) L–form bacteria, cell walls and the origins of life. Open Biology 3, 120143

[17] Mira A, *et al.* (2001) Deletional bias and the evolution of bacterial genomes. Trends in Genetics 17, 589–596

[18] Nishida H (2013) Genome DNA sequence variation, evolution, and function in bacteria and archaea. Current Issues in Molecular Biology 15, 19–24

[19] Philippe N, *et al.* (2013) Pandoraviruses: amoeba viruses with genomes up to 2.5 Mb reaching that of parasitic eukaryotes. Science 341, 281–286

[20] Baltimore D (1970) RNA–dependent DNA polymerase in virions of RNA tumor viruses. Nature 226, 1209–1211

[21] Temin HM, Mizutani S (1970) RNA–dependent DNA polymerase in virions of Rous sarcoma virus. Nature 226, 1211–1213

[22] Labrie SJ, *et al.* (2010) Bacteriophage resistance mechanisms. Nature Reviews Microbiology 8, 317–327

[23] Ran FA, *et al.* (2013) Genome engineering using the CRISPR–Cas9 system. Nature Protocols 8, 2281–2308

[24] Whitchurch CB, *et al.* (2002) Extracellular DNA required for bacterial biofilm formation. Science 295, 1487

[25] Turnbull L, *et al.* (2016) Explosive cell lysis as a mechanism for the biogenesis of bacterial membrane vesicles and biofilms. Nature Communications 7, 11220

[26] Lorenz MG, Wackernagel W (1994) Bacterial gene transfer by natural genetic transformation in the environment. Microbiological Reviews 58, 563–602

[27] Draghi JA, Turner PE (2006) DNA secretion and gene–level selection in bacteria. Microbiology 152, 2683–2688

[28] Rocha EP, Danchin A（2002）Base composition bias might result from competition for metabolic resources. Trends in Genetics 18, 291–294
[29] Grainger DC, *et al.*（2006）Association of nucleoid proteins with coding and non-coding segments of the *Escherichia coli* genome. Nucleic Acids Research 34, 4642–4652
[30] Lucchini S, *et al.*（2006）H-NS mediates the silencing of laterally acquired genes in bacteria. PLOS Pathogens 2, e81
[31] Navarre WW, *et al.*（2006）Selective silencing of foreign DNA with low GC content by the H-NS protein in *Salmonella*. Science 313, 236–238
[32] Oshima T, *et al.*（2006）*Escherichia coli* histone-like protein H-NS preferentially binds to horizontally acquired DNA in association with RNA polymerase. DNA Research 13, 141–153
[33] リチャード・ドーキンス著　「利己的な遺伝子　40周年記念版」（２０１８）日高敏隆ら訳、紀伊国屋書店
[34] Gregory AC, *et al.*（2019）Marine DNA viral macro- and microdiversity from pole to pole. Cell 177, 1109–1123
[35] Gibson DG, *et al.*（2010）Creation of a bacterial cell controlled by a chemically synthesized genome. Science 329, 52–56

第3章

細胞外DNAの振る舞いを考察する

1 環境DNAと細胞外DNA

現在、環境中に存在しているDNAに対して、環境DNAやeDNA（environmental DNA）と呼ぶことがあります。また、細胞外DNAも英語にするとextracellular DNAとなり、eDNAとなります。eDNAの研究の基盤となる情報は、DNAシーケンサーを使った網羅的かつ大量のeDNAの塩基配列情報にあります。例えば、何十種類もの魚類が飼育されている水族館の水槽からバケツ1杯の水を取って、その中に含まれるeDNAの塩基配列を網羅的に決定することによって、ほぼすべての飼育されている魚の種を同定することができます。[1] また、海から同様に海水をサンプリングして、そこに含まれるDNA塩基配列を決定して、そこを回遊した魚を判別することができます。[1] 河川において、絶滅危惧種に指定されている日本ザリガニの存在を個体としてとらえていないにもかかわらず、河川から水を採取して、そこに含まれるeDNAから日本ザリガニ由来のDNAを検出することによって、その環境に生育していることが示されることも報告されています。[2] また、海に存在しているDNAには、1万塩基対を超えるサイズのものも存在していることが報告されており、必ずしも細胞外DNAは短いサイズのものばかりではないことを示しています（第2章文献[26]参照）。

環境DNAと細胞外DNAという二つの用語が使われています。その定義についてははっきりしないところもあり、さらには将来的にこれらの用語の意味が変化するかもしれません。ただ、本書での使い分けとしては、環境ＤＮＡはその環境に存在している、あるいは存在していた生物をモニターするための指標としてのＤＮＡであり、細胞外ＤＮＡはまさに細胞の外に存在しているＤＮＡの総体を意味していると考えています。すなわち、例えばヒトの血管中にも細胞外ＤＮＡは流れていますが、それらを環境ＤＮＡとしては扱いません。また、環境中に存在している生物を調べるという観点でＤＮＡを取り扱おうとすると、環境中に存在している細胞から抽出されたＤＮＡも環境ＤＮＡとして取り扱われると考えています。本章では、環境ＤＮＡの研究例として日本酒に含まれるＤＮＡの研究、細胞外ＤＮＡの研究例として富山湾に漂うＤＮＡの研究について述べます。

2　日本酒に含まれるDNAから見えること

私たちは日本酒造りにおいて混入するバクテリアを探る目的で、日本酒および日本酒造りの過程に含まれるバクテリアDNAを網羅的にシークエンスしました。日本酒に含まれているDNAを使った解析は、日本酒造りに使用された酒米の品種を調べることに適用されています。[3]もちろん、日本酒には酒米由来以外のDNAも含まれており、そこで日本酒造りの過程で混入したバクテリアを検出して、日本酒における味や風味などに関連する微生物が存在しているかどうかを明らかにすることを目指しました。また、日本酒を造る地域や酒蔵に特有の微生物が存在しているかどうかについても調べる目的があります。図3－1に実験に使用した日本酒の一部を示します（これらは富山のお酒です）。

日本酒が造られる環境は無菌状態ではないため、その製造過程において微生物が混入することは避けられません。しかし、日本酒酵母によってつくれたエタノールが最終的には20％近い濃度となるため、混入した微生物が生き残ることは極めて困難です。ただ、乳酸菌の一部の種は、20％のエタノール濃度でも増殖することができます。[4]このようなバクテリアが日本酒造りにおいて混入した場合、日本酒は劣化し、腐造と呼ばれています。日本酒造りを統括する杜氏は、この腐造を最も恐れており、そのため一般的には、原酒に対して低温殺菌（火入れ、60数度で数十分程

図 3-1　日本酒に含まれるDNAの研究に使用した日本酒の一部

度）を2度（貯蔵用タンクに入れる前と瓶詰めする前に）行っています。よって、市販されている大半の日本酒に微生物が混入していることはないと考えられます。ただ、火入れをしてない生酒などは、開封後早めに飲むように注意書きが付けられています。余談ですが、日本酒には製造年月が記載されていますが、賞味期限の表示義務はありません。

　日本酒は米を原料として、麹菌が米を糖化し、その糖を日本酒酵母がエタノールに変換します。この製法は並行複発酵と呼ばれ、日本酒独自の発酵方法です。日本酒および日本酒造りは高温多湿である日本の風土にあった日本の伝統文化です。図３－２にもろみの変化を示しました。もろみとは、米を麹菌が糖化した麹とエタノール発酵のスターターである酒母（もと）をあわせて（初添）から1か月ほどで原酒になる過程を示します。前述した低温殺菌法は微生物学の祖であるルイ・パスツールによって開発されたと教科書に載っていますが、その３００年前から日本酒造りでは行われています。また、前述の日本酒の腐造のことを火落ちと呼び、それを起こす乳酸菌の一部を火落ち菌と呼びます。

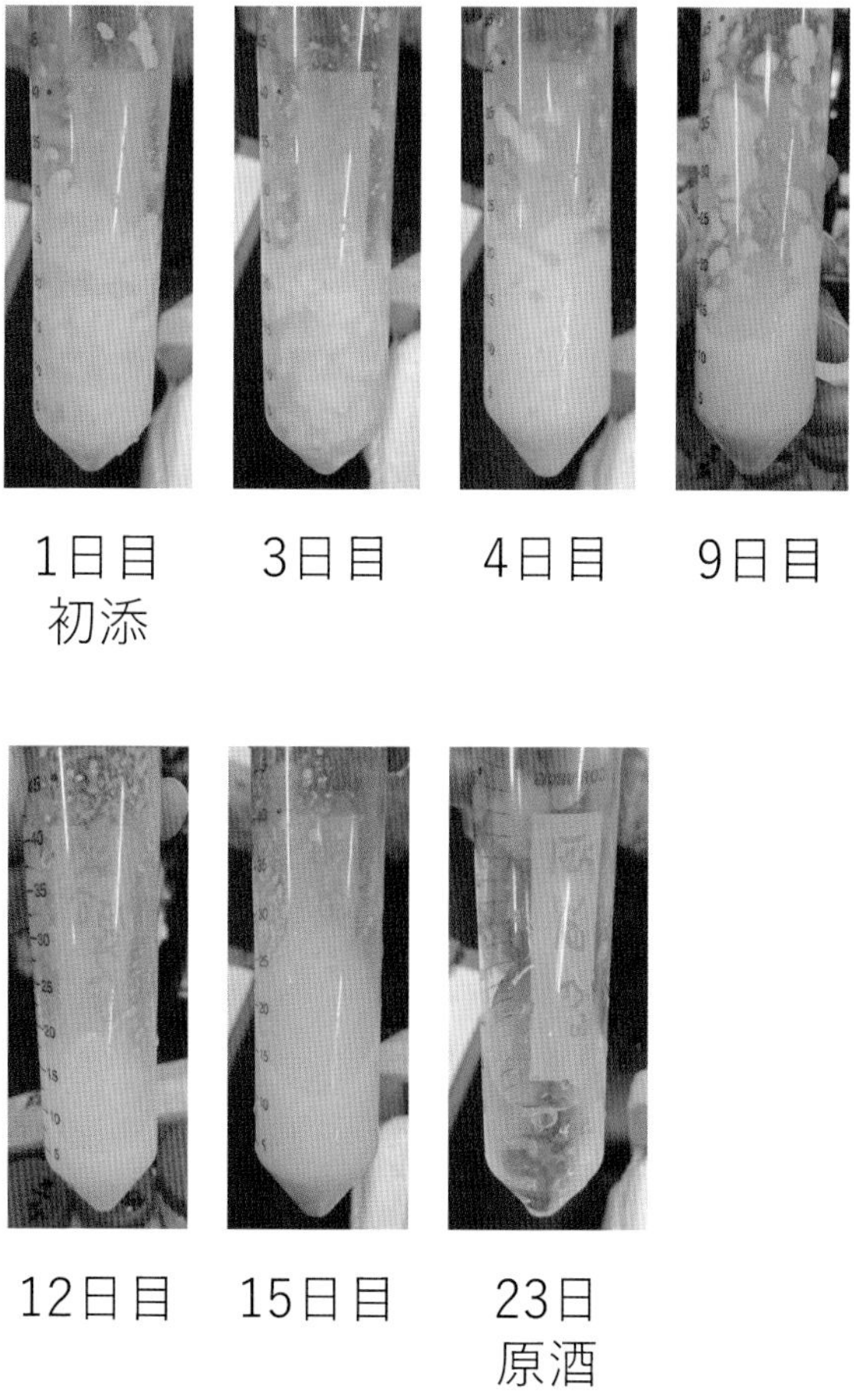

図 3–2　日本酒造りにおける初添から原酒までのタンク内での変化
時間とともに酒米が分解していることが分かります。

日本酒の品質と微生物

私たちは異なる地域から日本酒を入手し、そこに存在しているバクテリア由来のＤＮＡを特異的に増幅し、それらの塩基配列を決めることによって、バクテリア菌叢解析を行いました。その結果、予想を超える種類のバクテリアのＤＮＡが検出されましたが、日本酒の製造地域によって特徴的なバクテリアＤＮＡが存在していることを示すには至りませんでした。[5] 日本酒数をさらに増やし、解像度の高いバクテリア菌叢解析を行えば、製造地域や酒蔵に特徴的なバクテリアを検出できる可能性はあると考えています。また、日本酒に含まれるアミノ酸や有機酸の組成を分析したところ、バクテリア菌叢ほどではないにしても、成分組成に多様性があることが分かりました。[6][7] このことは、日本酒造りの過程で混入し、一時的に増殖する（最終的には死滅する）バクテリアを含む微生物が直接あるいは日本酒酵母に相互作用して、日本酒の品質に影響を与えている可能性を示していると考えています。また、製造年度を変えて、同じ銘柄の日本酒に対して同様の解析を行ったところ、菌叢がよく似ている銘柄があった一方、製造年度によって違っている銘柄もありました。このことから、日本酒造りにおけるバクテリアの混入は偶然的な要素が強いことが示唆されました。

微生物の菌叢解析は、最終産物だけではなく、日本酒造りの過程からのサンプルに対しても私たちを含め複数の研究グループが行いました。[8〜10] その結果、もろみの過程では微生物菌叢の変化は小さく、また仕込み水の微生物由来DNAの菌叢とは全く異なることより、微生物の混入は、麹菌が米を糖化して糀をつくる過程とエタノール発酵のスターターである酒母をつくる過程で生じていることが分かりました（図3－3）。

現在、20％のエタノールによって死滅する前に日本酒造りの過程から微生物を分離し、その機能（特に日本酒酵母の生育への影響の有無）を調べることを行っていますが、特定の微生物が特定の酒蔵から検出されることが分かりつつあります。[11] 酒蔵特有のバクテリアがその酒蔵の日本酒の味や風味にかかわっているのであれば、極めて興味深いことであると考えています。特定の日本酒の酒蔵から特定のバクテリアが分離される場合、そのバクテリアは酒蔵特有であるのか製造地域特有であるのか調べる必要があると考えています。これまでに私たちが日本酒の製造過程から分離したバクテリアのエタノール耐性を調べたところ、15％を超えるエタノール濃度で増殖できるものはいませんでした。日本酒は最終的には18％を超えるエタノール濃度となるので、これらのバクテリアは、日本酒造りのある期間においてのみ増殖し、やがて死滅すると考えられます。

日本酒に含まれるバクテリアDNAの解析より、日本酒造りの過程において、最終的には日本酒酵母の産生するエタノールによって死滅するバクテリア由来のDNAが最終産物である日本酒に含まれていることが分かりました。このことは、細胞外に放出されたDNAが日本酒の中においてすぐには分解されずに残っていることを示しています。検出した時点よりも前に存在していたバクテリアの痕跡を知ることができるということです。ただ、日本酒造りの過程において、細

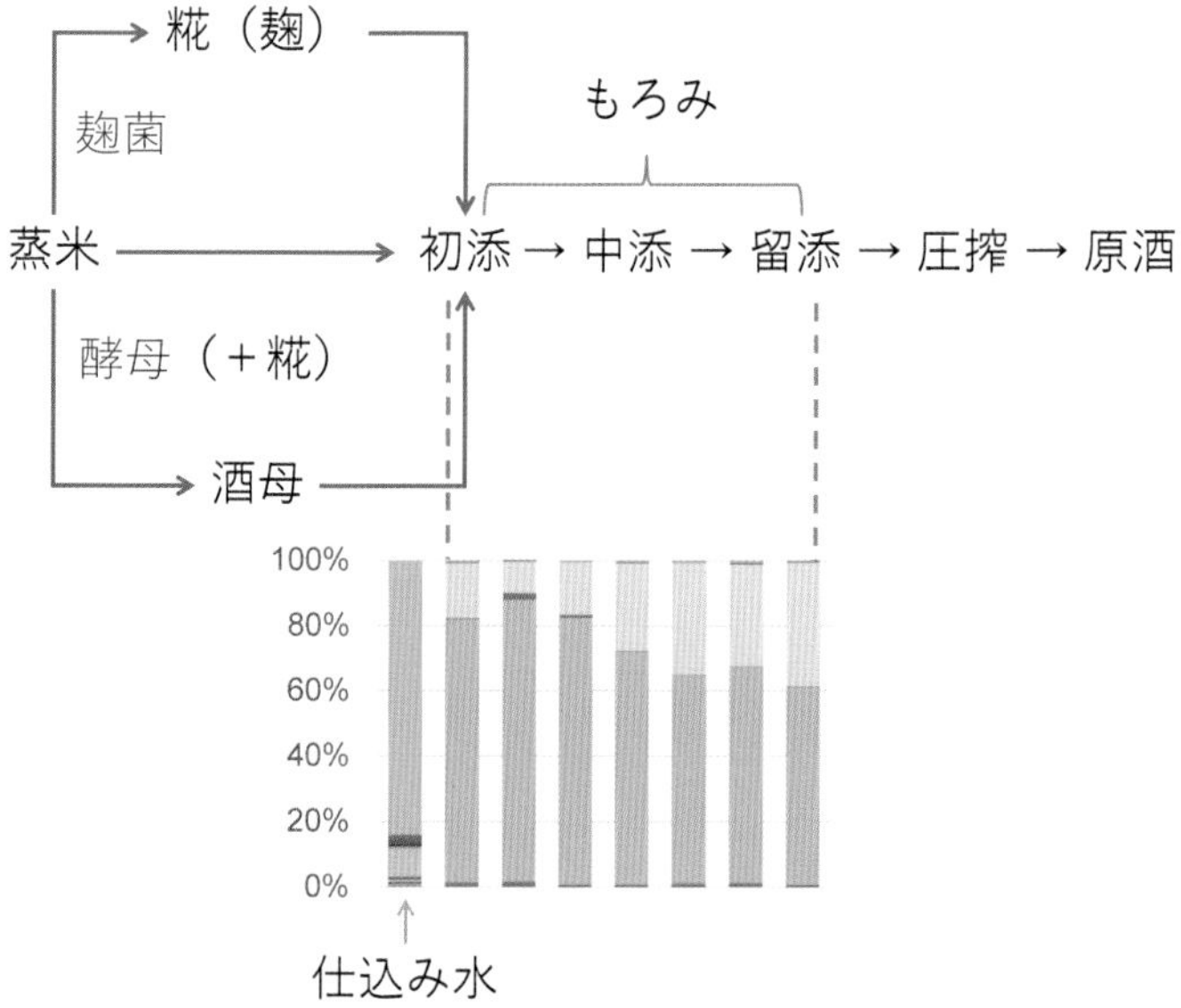

図 3-3　もろみにおけるバクテリアの菌叢変化
色が異なっている部分は異なるバクテリアDNAのものであることを示しています。その存在割合の変化を示しています。

胞外に存在するＤＮＡ分解酵素の濃度や活性によって、細胞外ＤＮＡの安定度や残存度は異なってくると考えられます。

環境ＤＮＡ研究で留意すること

　環境ＤＮＡの研究の中心は、そのＤＮＡを持っている生物に関するものです。日本酒における研究目的もそうであり、ＤＮＡはそれを有する生物をモニターするために使用していることになります。第２章で述べた日本ザリガニのＤＮＡ検出からその個体の存在を確認することなどが該当します。ここで注意しなければならないことは、細胞外に存在しているＤＮＡは細胞そのものをとらえているわけではないことです。ＤＮＡが存在することとそれを持っている生物が存在していることは必ずしも同じではなく、特にＤＮＡ量が少量の場合、そこにそのＤＮＡを持つ生物がいることの方が稀なことかもしれません。環境ＤＮＡを、それを有する生物のモニターとして使用する場合、過去にその環境に対象の生物がいたことを示していますが、現在もいるかどうかは不明です。日本酒造りの過程から特定のバクテリアのＤＮＡを検出したことと、その造りの過程において対象のバクテリアが生きていることは同じではありません。前述したように、最終的には混入したすべてのバクテリアは死滅すると考えています。もちろん、火落ち菌のような日本酒を腐造させるようなバクテリアが存在していた場合には生き残っています。

日本酒に含まれるＤＮＡの研究では、解析のターゲットをバクテリアＤＮＡに絞りました。そのため、バクテリアＤＮＡだけを増幅して、それらのＤＮＡシークエンス解析を行いました。このため、日本酒に含まれていたさまざまなＤＮＡの存在比がどうなっているかについては不明です。よって、増幅したもののシークエンスのリード数から一時的に増殖したバクテリアの菌数を推定することには慎重になる必要があります。環境に含まれているＤＮＡの存在比を維持したままＤＮＡシークエンス解析するためには、できる限り増幅することを避け、網羅的にシークエンスする技術が必要となります。現在、それに対応できるようなＤＮＡシーケンサーが登場しつつあり、環境ＤＮＡ研究において大きな貢献をすると考えられます。増幅などによって偏りを生じさせずに解析する方法は、１細胞内で発現しているＲＮＡの検出などの分野でも重要な術となります。

環境ＤＮＡの解析で注意する必要があることは、ＤＮＡが検出されたことと細胞や生物が存在する（生きている）こととは違っていると認識することです。日本酒における混入バクテリアの機能を知るためには、ＤＮＡの研究だけではその目的を達成することはできません。その目的を達成するためには、混入したバクテリアを生きている状態で分離する必要があります。このことは、ＤＮＡにコードされた遺伝情報を知るためには、生きている細胞を使った実験を避けては通れないことを意味しています。生物、生命の最小単位は細胞であることを再確認して、環境ＤＮＡや細胞外ＤＮＡの細胞における機能を見る必要があります。興味深いことには、環境中から分離されたバクテリアとその環境中から抽出したＤＮＡの比較を行うと、多くの場合、ＤＮＡの多様性はバクテリアの多様性を凌駕しています。このことは、多くのバクテリアなどの微生物が細胞として分離できないことを示しています。日本酒の研究で言えば、分離株の多様性は低く、そのため、その酒蔵に特有のバクテリアを同定することができます。しかし、そのＤＮＡの多様性は大きく、その中から酒蔵特有のバクテリアＤＮＡを特定することは極めて困難であることを示しています。

日本酒のＤＮＡから存在していたバクテリアが分かる

そこで私たちは、日本酒造りの過程において生きているバクテリアを分離し、そのバクテリアの性状、特に日本酒酵母との相互作用について研究を行っています。その際、それらの分離株の全ゲノムＤＮＡシークエンスを行って、その結果から、そのバクテリアの機能や働きを推定することを行っています。例えば、アルコール分解にかかわるアルコール脱水素酵素をいくつ持っているかなどの遺伝情報を得ることができます。最終産物である日本酒をいくら顕微鏡で覗いてもバクテリアは見つけられませんが、日本酒に含まれているＤＮＡからそこに存在していたバクテリアを知ることができます。また、製造過程から分離してきたバクテリアを単独で培養し、顕微鏡で形態を調べても、その日本酒造りにおける働きはなかなか分かりませんが、その細胞に存在しているＤＮＡの塩基配列情報をすべて得ることによって、そのバクテリアの性状を推測することができるわけです。

日本酒は日本の伝統文化です。それを維持して後世に継承しなければなりません。また、世界における日本食の普及に伴って、日本酒も世界中で飲まれる日が訪れるかもしれません。そのとき日本酒の定義が必要となり、その定義を満たしているかどうかを判別する術が必要となるでしょう。その意味においても、日本酒造りで使用された麹菌や酵母、その際に混入するバクテリアを知り、明らかにすることは重要なこととなります。今後、飲食品に含まれるＤＮＡの解析は、食の安全に対する確認や保障への寄与、飲食品の差別化やブランド化への適用などに貢献できると考えられます。

3　富山湾に漂う細胞外ＤＮＡの多様性

私たちはキヤノン財団「理想の追求」研究助成プログラムに採択され、２０１４年度から3年間にわたり、「海洋を漂うプラスミドＤＮＡが生物進化に与える影響」の研究を実施しました。研究題目にあるように、未知のプラスミドを海水からたくさん見つけて、その機能解析を行う予定でした。しかし、実際にＤＮＡシークエンスを行った結果、プラスミドを塩基配列データから抽出することが困難なほど多様なＤＮＡシークエンスが得られました。

富山湾には約５００種の魚介類が生息し、蜃気楼や埋没林などで有名であり、２０１４年には世界で36番目となる「世界で最も美しい湾クラブ」に加盟しています。私たちの研究室では、富山湾の14地点から海水および海泥のサンプリングを行いました（図３－４、図３－５）。またＤＮＡシークエンスは73の異なるサンプルから得ました。私たちのこの取り組みは北日本新聞で取り上げられ、２０１７年7月26日の社会面に「バクテリア進化のカギ握る？　海に漂うＤＮＡ解析　抽出法を確立　未知の配列発見」の見出しで掲載されました。富山湾からの海水15リットル程度に対して、０・２㎛孔径のフィルター（通常の細胞は透過できません）を用いて分画し、透過したものに対してさらに０・０２㎛孔径のフィルター（通常のウイルスは透過できません）を用いて分画しました（図３－６）。海泥はリン酸緩衝液を加えて懸濁し、遠心によって鉱物な

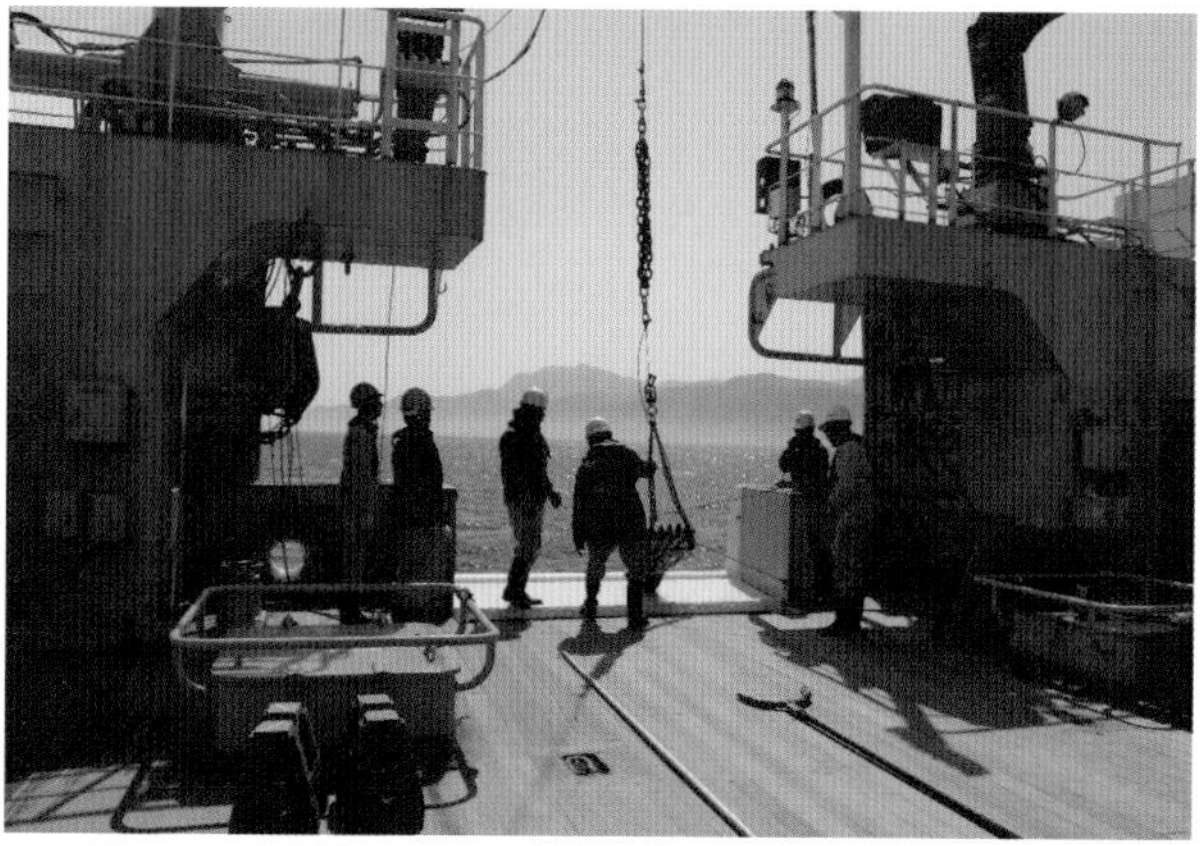

図 3–4　富山湾における海水や海泥のサンプリングの様子

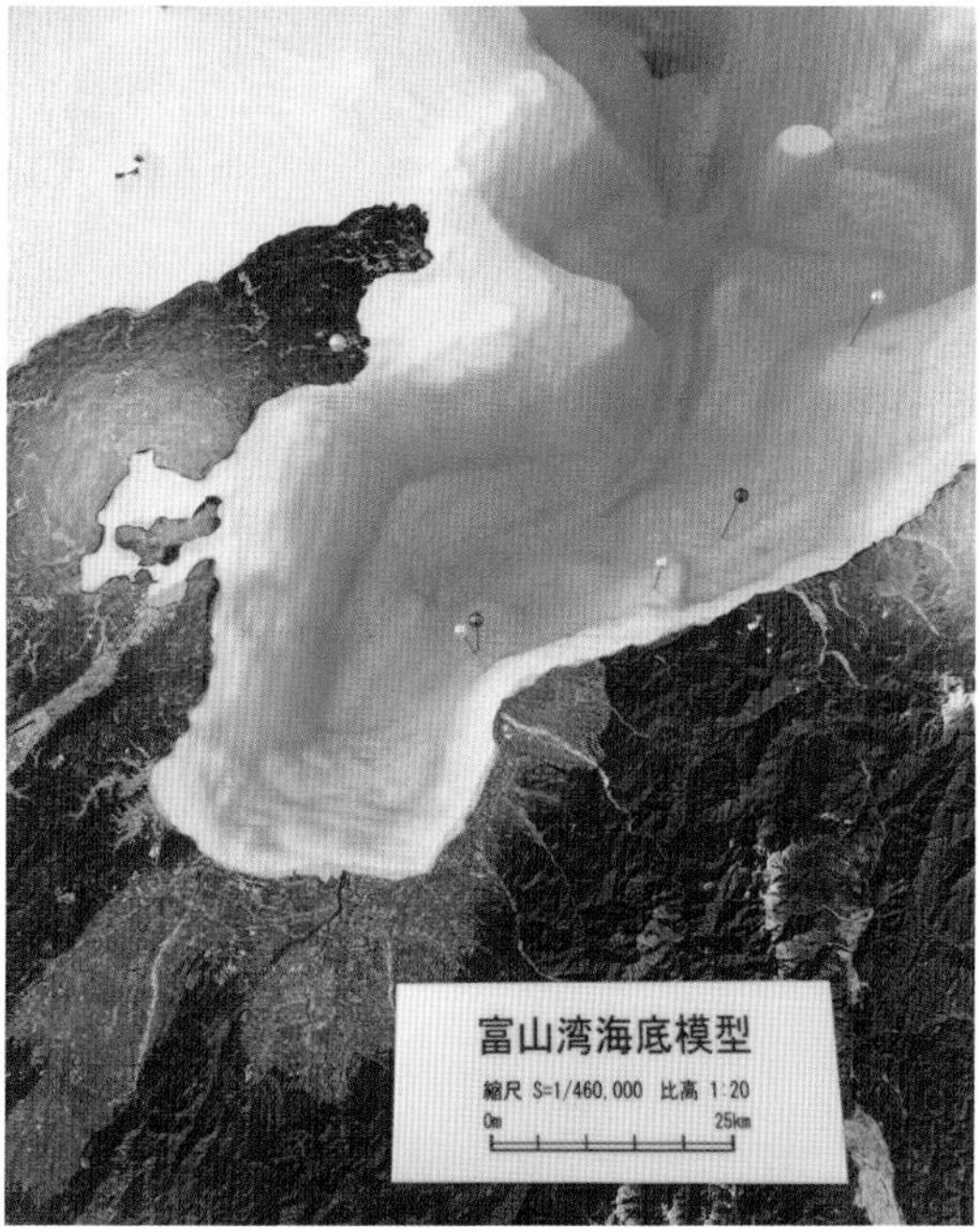

図 3–5　海水サンプリング地点をまちばりで示した富山湾の模型

どを沈殿させ、上澄みに対して、同様のフィルター分画を行いました。０・２㎛孔径を通過しなかったところを細胞分画、０・０２㎛孔径を通過しなかったところをウイルス分画、通過したものを細胞外分画として扱いました。

それぞれの分画におけるＤＮＡを抽出、精製して、それらの塩基配列を大量並列型ＤＮＡシーケンサーによって網羅的に決定しました。その結果、細胞外には遊離のプラスミドだけではなくさまざまなＤＮＡが存在し、それらについてほとんど分かっていな

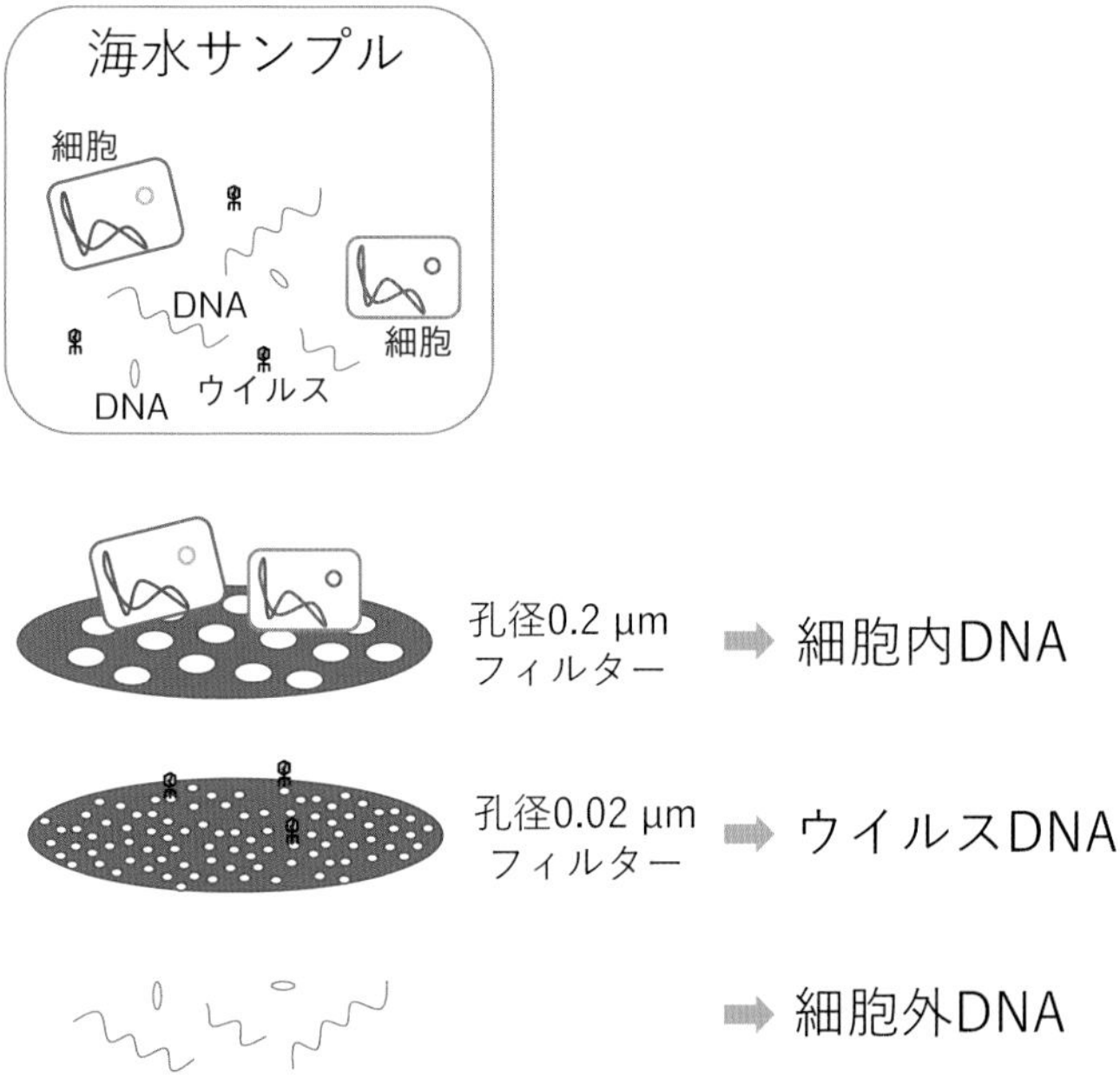

図3-6　海水サンプルからのDNAの分画
孔径0.2μm、孔径0.02μmの2種類のフィルターを使って分画し、細胞内DNA、ウイルスDNA、細胞外DNAを抽出しました。

い状況にあることを認識しました。このことは、レファレンス（既知のＤＮＡ塩基配列情報）がない状況で、サンプル中に含まれるさまざまなＤＮＡの塩基配列を明らかにする必要があることを意味しています。

ＤＮＡシークエンスの解析では、一つ一つのリード（実際にＤＮＡシーケンサーによって決定された一続きのＤＮＡシークエンス）の末端領域において共通の塩基配列を持っているものを重ね合わせてつないでいく作業（アセンブリ）が必要です。そこで、一つ一つのリードの長さが短い場合には、重ね合わせる部分の信頼性や複数通りのつながりの場合が生じるため、サンプル中に存在している、あるいはそれらDNA断片のおおもとのDNAの塩基配列を解き明かすことが困難な、あるいは不可能なこととなります。もう少し詳しく説明するために、本章第2節との違いを示します。第2節の目的は日本酒造りで混入するバクテリアの種を知ることでした。よって、遺伝子の一つであるリボソームRNA遺伝子の一部の領域の塩基配列情報を得て、それをもとにして生物種を決めました。すなわち、1リードの塩基配列だけでデータが完結していたことになります。それに対して、富山湾に漂うDNAの解析では、生物種を知ることを目的とせず、そこに存在している未知のものを含むDNAの多様性そのものをターゲットにしました。もともとは長いDNAが断片化しており、それらを上記の方法でつなぎあわせる作業が必要となるわけです。私たちが実験で用いた一つ一つのリードの長さは600塩基であったため、完全なプラスミドDNAを明らかにすることは困難な状況でした。そこで、DNAの断片の塩基配列に基づき、GC含量やゲノムシグネチャー（後述）を調べることによって、それぞれのDNAシークエンスの特徴を比較しました。

ゲノムシグネチャーとは

ここで、ゲノムシグネチャー（genome signature）を説明します。ゲノムDNAにおいてGC

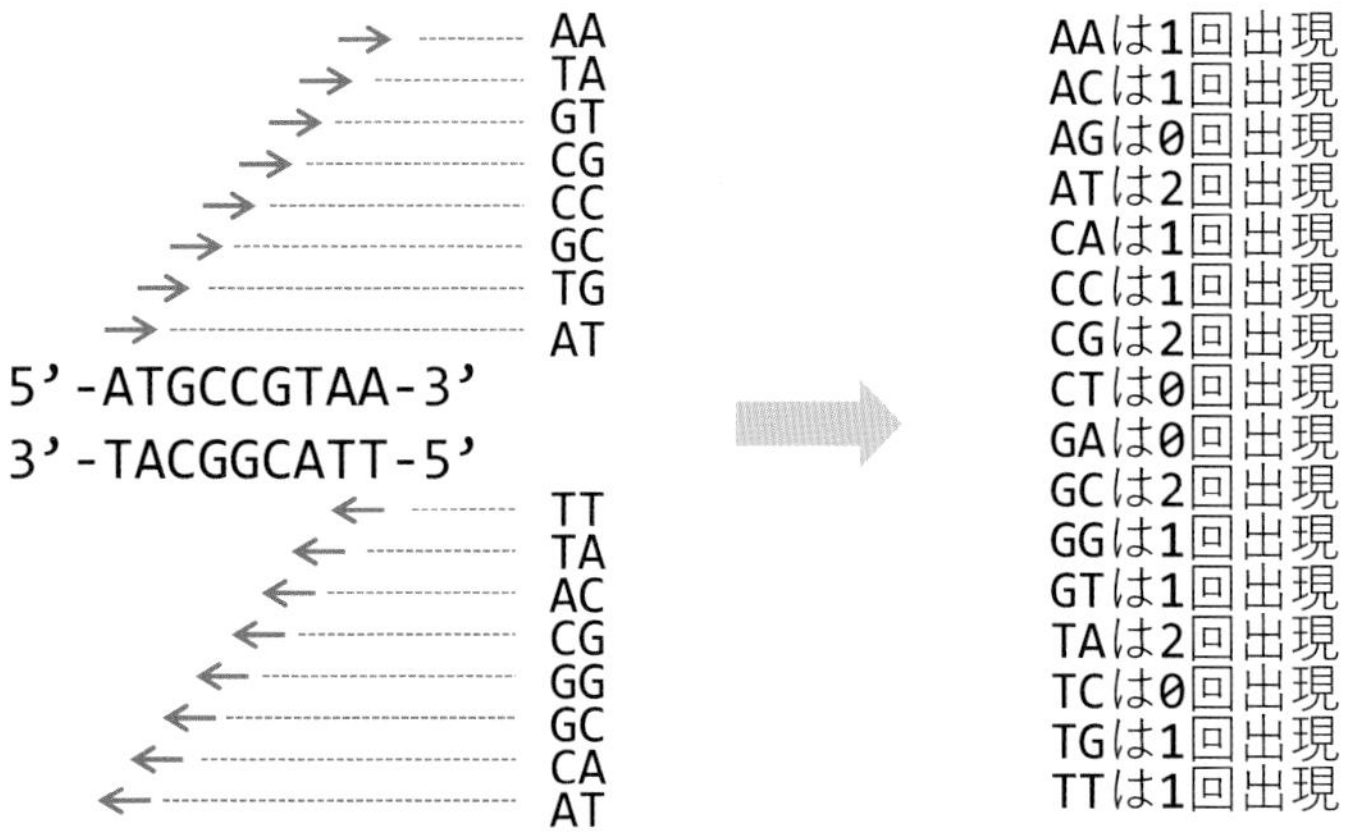

図3-7　ゲノムシグネチャー

ここでは、1つのDNA断片の塩基配列に対する2塩基配列の出現数をカウントする例を示します。中央矢印の左の中心に対象のDNAを示します。ここでの対象DNAは9塩基対から成り立っています。各鎖の5’末端より2塩基シークエンスを調べて、3’末端まで1塩基ごとにずらして調べます。各鎖で8つのデータを得るため、合計で16のデータとなります。それらを集積したものを中央矢印の右に各2塩基配列の出現数としてまとめたものを示します。なお、5’および3’については図1−1にあるようにデオキシリボースにおける炭素原子の位置を示しています。

含量が違っている場合には、それらの塩基配列のパターンは異なり、そのゲノムを持つ生物の系統進化的関係も離れている場合が大半です。しかし、ＧＣ含量が近いゲノムＤＮＡを持つ生物が系統進化的に近縁であるかどうかは分かりません。そこで、ＧＣ含量が近い場合においてもゲノムＤＮＡの塩基配列の特徴や傾向を比較できる、ＧＣ含量比較よりも解像度の高い比較方法が必要となります。ゲノムシグネチャーは、ＤＮＡシークエンスにおける連続する数塩基の配列パターンの出現頻度を示します。[12] 例えば、２塩基の連続する塩基配列のパターンは４×４＝16通りあります。ＤＮＡシークエンスの末端から２塩基シークエンスを１塩基ごとにずらして他方の末端までスキャンし、さらにその末端から相補鎖に折り返して最初のところまでスキャンすることによって、16の配列パターンの出現頻度を知ることができます（図３－７）。もちろん、２塩基配列の相補鎖配列は同じ出現頻度となります。例えば、アデニン・アデニン（ＡＡ）の相補鎖はチミン・チミン（ＴＴ）になっているため、それらの出現頻度は同じものとなります。系統進化的に近縁の生物種のＤＮＡシークエンスは、このゲノムシグネチャーも同じようなパターンとなる傾向にありますが、それほど遠くない系統関係であっても大きくゲノムシグネチャーが異なることがあります。例えば、放射線抵抗性バクテリアであるデイノコッカスと好熱性バクテリアであるサーマスは系統進化的に近縁です。しかし、これらのバクテリアは生育環境が異なるため、現在の環境中では遺伝情報の水平伝播は起こりにくい状況にあると考えられます。系統進化的には近縁ですので、それらのゲノムＤＮＡのＧＣ含量は似ています。しかし、それらのゲノムシグネチャーを比較したところかなり違っていることが分かりました。[13] このことは、ゲノムシグネチャーが生物進化だけではなく、その塩基配列の特徴を持つ生物種の生態や生育環境の影響を強く受けていることを示しています。ゲノムシグネチャー解析の解像度は、連続する塩基配列の数を上げると高くなります。例えば、３塩基の連続配列となると64（４の３乗）通りとなります。ＤＮＡシークエンスの比較の大半が類似配列（第４章）に基づいていることを考えると、ゲノムシグネチャーの比較には、ＤＮＡシークエンスのどの領域に遺伝子がコードされているかを知らずとも、ＤＮＡシークエンスだけで比較できるため画期的な方法であると言えます。私は研究者として駆け出しのころに、ゲノムシグネチャーの話を聞き、連続する塩基の数が違っていても、特定の生物が一つとしてまとまることが不思議で仕方ありませんでした。これは、分子生物学のセントラルドグマを中心とした研究領域とは違っており、従来の分子生物学では解き明かすことはできないと感じました。その後30年を経ても、その疑問についてはいまだ明らかになっていません。

生物の系統進化の観点より、導入したＤＮＡが宿主細胞において遺伝情報を発現するためには、系統進化的に宿主と近縁な生物由来である必要があると考えられています。しかし、環境中には、必ずしも系統進化上近縁な生物が周りにいるとは限りません。また興味深いことには、環境中には、系統進化上は遠縁であるにもかかわらず、ＧＣ含量やゲノムシグネチャーが似ているゲノムＤＮＡを持っている生物がいる場合があります。私は、系統進化上は遠縁であっても塩基組成やゲノムシグネチャーが類似している生物間においてＤＮＡの水平伝播が生じているのではないかと考えており、そのことを実験によって確かめることが可能であると考えています（第５章）。

サンプル解析から分かってきたこと

さて、話を戻します。富山湾の海水や海泥のサンプルを孔径の異なるフィルターによって分画した三つで比較したところ、同じ地点のサンプルにおいても分画が違うとその塩基配列の特徴も異なりました。また、細胞外ＤＮＡの95％以上が遺伝情報データベース（第4章）に登録されている塩基配列に類似性を持たないことが分かりました。このことは、細胞外ＤＮＡの研究においては、類似配列比較に基づく方法では太刀打ちできないことを意味しています。プラスミドやウイルスなどの既知の転移性遺伝因子（もちろん、これらの塩基配列は全体の数％に過ぎません）に関してさらに解析したところ、転移性遺伝因子由来のＤＮＡの塩基配列の多様度は、細胞内の分画よりも細胞外の分画の方が大きいことが分かりました。特にプラスミド関連遺伝子は、同じサンプルの細胞内で検出されたものと大きく異なっていました。この結果より、細胞外には、その環境中にある細胞に取り込まれないようなプラスミドを含んだ細胞外ＤＮＡが数多く存在しており、それらがおそらく広範囲に流動していると考えられます。土壌には90万年前の細胞外ＤＮＡが含まれていることが示されています（第6章）。また、富山湾には立山連峰の雪解け水が河川を通して大量に流入しています。その中には土壌などに生育している生物由来のＤＮＡが大量に含まれていると考えられます。ＤＮＡだけではなく、バクテリアはもちろんのこと多くの細胞も富山湾に流入しています。これらの細胞が海で破裂などした場合、通常は海で検出されないようなＤＮＡが漂っていても不思議ではありません。おそらく、現存している細胞とは異なる遠い過去の細胞からのＤＮＡが海には存在していると考えられます。

富山湾における細胞外ＤＮＡの研究から見えたことは、細胞外にもＤＮＡが存在しているということですが、類似塩基配列の機能からの機能推定を基盤とする方法では、その生物学的意義については分からないことが多々あり、全貌をとらえることはできないということです。ＤＮＡは細胞内で合成され、細胞内において遺伝情報として機能していることは前述してきました。よって、細胞外に存在しているＤＮＡについても、それらがつくられた場所は細胞内と考えられます。細胞膜が壊れた場合、内部のものは環境中に放出され、ＤＮＡも環境へ放出されます。さまざまな要因によって、多くのＤＮＡはいずれ分解されるか、あるいは細胞に取り込まれるかどちらかの運命をたどると考えられますが、それまではその環境中に存在しています。[14]今後、確かめる必要があることは、細胞外のＤＮＡが再び細胞内に入ることがどれほどの頻度で生じ、その影響はどのようなものであるかを明らかにすることです。これは環境中に存在しているＤＮＡを研究している分野についての課題です。存在しているＤＮＡはシーケンサーによって検出することができます。しかし、細胞外のＤＮＡがどのような機能をしているかを調べるには工夫が必要となり、細胞外ＤＮＡの機能解析を通してその存在意義を示す必要があります。

環境サンプルにおける細胞外ＤＮＡの95％以上がＤＮＡのシークエンス・データベースに類似配列がないことは例外的なことではなく、一般的なことです。このことは、これまでの塩基配列データがカバーしている領域が地球に存在しているDNAの塩基配列のごく一部でしかないことを意味しています。私たちがDNAの塩基配列のデータベースを利用する意味は、DNAがどのような機能を持っているかを知ることにあります。例えば、自分たちが行った実験で明らかにしたDNAの塩基配列が、特定の遺伝子をコードしている領域に類似していたとすると、そのような機能をそのDNAも持っているのではないかと予測して、それを確かめることができます。他方、類似配列が皆無であった場合、そのDNAの機能をどのように推定すればよいでしょうか？また、どのような実験を行って、その機能を知ることができるでしょうか？現時点では、それができません。さらに、機能が全くわからない状況で、塩基配列の登録を行っても、利活用できる価値はとても低い状況と言えます。

DNAの塩基配列をそのDNAを持つ生物の指標として使っている環境DNAの研究では、類似配列を持っていないDNAを研究対象に入れることができません。よって、把握できている、分かっているDNAから、環境における生物菌叢を解析しています。このような研究スタイルは日本酒に含まれるDNAの研究などで行ったことです。それに対して、細胞外DNAを網羅的に解析する研究では、類似塩基配列を持たないDNAも研究対象としなければなりません。そこに書き込まれた遺伝情報に関する研究を展開できなければなりません。私の見る限り、どのようなアプローチでその壁に挑むかという研究を研究者が避けているように思います。果敢にその壁に挑み未来を明るくしてほしいと期待します。

引用文献

[1] 宮正樹（２０１９）環境DNAメタバーコーディング―魚類群集研究の革新的手法　バケツ一杯の水で棲んでいる魚がわかる技術、化学と生物 57、２４２-２５０

[2] Ikeda K, *et al.* (2016) Using environmental DNA to detect an endangered crayfish *Cambaroides japonicus* in streams. Conservation Genetics Resources 8, 231–234

[3] 大坪研一、中村澄子（２００７）日本酒を試料として原料米品種を判別する技術の開発、日本醸造協会誌 １０２、７９２-８０１

[4] Suzuki K, *et al.* (2008) Sake and beer spoilage lactic acid bacteria – a review. Journal of the Institute of Brewing 114, 209–223

[5] Terasaki M, *et al.* (2017) Bacterial DNA detected in Japanese rice wines and the fermentation starters. Current Microbiology 74, 1432–1437

[6] Sugimoto M, *et al.* (2012) Changes in the charged metabolite and sugar profiles of pasteurized and unpasteurized Japanese sake with storage. Journal of Agricultural and Food Chemistry 60, 2586–2593

[7] Akaike M, *et al.* (2020) Chemical and bacterial components in sake and sake production process. Current Microbiology 77, 632–637

[8] Terasaki M, *et al.* (2018) Detection of bacterial DNA during the process of sake production using *sokujo–moto*. Current Microbiology 75, 874–879

[9] Bolulich NA, *et al.* (2014) Indigenous bacteria and fungi drive traditional kimoto sake fermentation. Applied and Environmental Microbiology 80, 5522–5529

[10] Koyanagi T, *et al.* (2016) Tracing microbiota changes in *yamahai–moto*, the traditional Japanese sake starter. Bioscience, Biotechnology, and Biochemistry 80, 399–406

[11] Terasaki M, Nishida H (2020) Bacterial DNA diversity among clear and cloudy sakes, and *sake–kasu*. Open Bioinformatics Journal 13, 74–82

[12] Campbell A, *et al.* (1999) Genomic signature comparisons among prokaryote, plasmid, and mitochondrial DNA. Proceedings of the National Academy of Science of the United States of America 96, 9184–9189

[13] Nishida H, *et al.* (2012) Genome signature difference between *Deinococcus radiodurans* and *Thermus thermophilus*. International Journal of Evolutionary Biology 2012, 205274

[14] Bálint M, *et al.* (2018) Environmental DNA time series in ecology. Trends in Ecology & Evolution 33, 945–957

第4章

遺伝情報の機能解析の重要性

1　DNAシーケンサーの発展

DNAの構造

ここでもう一度DNAについて少し詳しく説明します。DNAの2重らせん構造は1953年にジェームス・ワトソンとフランシス・クリックによってNature誌に短い論文として発表されました。[1] 2重らせん構造を決定的にしたデータは、ロザリンド・フランクリンによって行われたDNAのX線結晶解析（X線回析法）の結果でした。[2] ただ、DNAの構造が発表される以前においても、1928年のグリフィスの実験、1944年のアベリー、マクラウド、マッカーティの実験、1952年のハーシーとチェイスの実験などによるバクテリアへの形質転換の実験から、DNAが遺伝情報を担っていることは分かっていました。

DNAは、ヌクレオチドがつながった高分子化合物です。ヌクレオチドは、核酸塩基、糖、リン酸で構成されています（図1－1）。ヌクレオチドは核酸塩基4種類の中のどれか一つを持っていることから、4種類存在しています。ヌクレオチドのリン酸とデオキシリボースが次々とつながることによって一つの鎖構造を形成します。このとき、デオキシリボースの5'および3'の位置にある炭素原子がリン酸を介して結合した構造をとっています（図1－1）。二つの鎖構造の核酸塩基間において相補的に水素結合でつながった（後述）ものがＤＮＡの２重らせん構造と呼ばれます。

ＤＮＡの２重らせん構造が成立するためには、それぞれの鎖構造において、核酸塩基の並びが重要となります。すなわち、水素結合でつながる核酸塩基は、アデニンとチミン（２か所で水素結合）、グアニンとシトシン（３か所で水素結合）と決まっているからです（図１－１）。そのため、ＤＮＡにおけるアデニンとチミン、グアニンとシトシンの分子数は同じになっています。このことは、ワトソンとクリックのＤＮＡの２重らせん構造の発表前に、シャルガフらが報告しています。[3]この報告は、ＤＮＡの２重らせん構造の解明に大きく寄与したと考えられます。よって、ＤＮＡの構造において、一つの鎖構造における核酸塩基の並びが、アデニン、グアニン、シトシン、チミンであった場合、その相手の鎖構造（相補鎖）は、チミン、シトシン、グアニン、アデニンの並びになっています。ただ、ヌクレオチドの並びはデオキシリボースの5'炭素がリン酸を介して3'炭素に結合していることから、相補鎖はその方向が逆向きになっているため、上記の場合の相補鎖の核酸塩基の並びは、デオキシリボースの5'炭素から3'炭素の方向でアデニン、グアニン、シトシン、チミンとなります。よって、二つの鎖構造は同じものとなっています。この場合の核酸塩基の並びのことをパリンドローム（回文構造）と言います。

２重らせん構造を形成している二つの鎖構造は、共有結合よりも弱い結合である水素結合のため、遺伝情報であるＤＮＡが２倍化するとき、あるいはＤＮＡから遺伝情報が読み取られる（発現する）とき（後述）、ファスナーが開くように、2重らせん構造は二つの鎖構造へと分離します。

DNAにおける核酸塩基の並び、DNAシークエンスが遺伝情報そのものであり、遺伝とはこの情報を継承することを意味しています。細胞が分裂する前に、遺伝情報であるDNAは2倍化される必要があります。DNAの2重らせん構造が核酸塩基間の水素結合を切ることによって離れ、それぞれの塩基配列の並びに対応して、相補的な核酸塩基を持ったヌクレオチドが次々と連結して新しいDNA鎖が形成されます。この伸長反応においても方向性があり、デオキシリボースの炭素原子（図1－1）の5'側から3'側への方向にしか伸長できません。その結果、もとの2重らせん構造と同じDNAシークエンスを持った二つの2重らせん構造が生み出されます。これら同じ構造を持つ二つのDNAが細胞分裂のときに、それぞれの細胞へ分配されます。

生物種とDNAのサイズ

本書での重要な点は、DNAシークエンスが個々の生物によって異なっており、それを後世に継承することが遺伝ということです。その継承する遺伝情報の本体であるDNAは細胞の中に収納されていることもまた重要なことです。

遺伝情報の発現の場所は細胞です。細胞が機能して維持されるためには、DNAに書き込まれた遺伝情報を発現させる必要があります。例えば細胞の分裂は細胞の機能の一つですが、それを問題なく行うためにも、ＤＮＡから細胞分裂を行うために必要な情報が発現する必要があります。この際、遺伝情報の発現する順番や発現完了等のチェック機構が働くことも重要です。ＤＮＡが2倍化していないときに細胞隔壁を形成して細胞を分断してしまうと細胞分裂は成立しません。異なる生物種において細胞分裂の様式が違っている場合、それらの生物種のＤＮＡにおける細胞分裂に関するコードされた遺伝情報が異なっていることを意味しています。もちろん、細胞分裂にかかわる遺伝情報以外にも細胞に存在しているＤＮＡにはさまざまな遺伝情報が書き込まれており、その情報の発現の順番など細胞内において制御されています。本書では、それらすべてを総括して、ＤＮＡに遺伝情報がコードされていると書いています。

もう少しＤＮＡにコードされた遺伝情報について述べます。大半のバクテリアの細胞内に存在しているＤＮＡは環状の1分子です。遺伝情報がＤＮＡの塩基配列であるということは、一続きの塩基配列を持った鎖構造とその相補配列を持った鎖構造が核酸塩基の水素結合で結ばれて2重らせん構造を形成していること意味し、切れ目なく塩基配列が存在することになります。そこに異なる多くの遺伝情報がコードされているとはどういうことでしょうか？　実際には一続きの塩基配列は、機能単位で分割されています。この分割ももちろんＤＮＡの塩基配列に基づいています。分割された一つ一つを遺伝子と呼びます。例えば、大腸菌のＤＮＡのサイズは４・６メガ塩基対（メガは10の６乗）であり、そこに約４０００の遺伝子がコードされています。よって、一つの遺伝子の平均長は約１０００強塩基となります。大腸菌のようなバクテリアのＤＮＡは遺伝子と遺伝子の間が短く、遺伝子が密集しています。また、遺伝子のサイズも生物種における違いが少ないため、DNAのサイズが大きくなるほど遺伝子数が多くなります。各生物が持っている全遺伝情報をゲノムと呼びます。前述の大腸菌のDNAのサイズをゲノムサイズと呼びます。大腸菌よりも短いゲノムサイズのマイコプラズマの一種は約0・6メガ塩基対で約500の遺伝子を持っていますし、大腸菌よりも長いゲノムサイズの放線菌の一種は13メガ塩基対で約10000の遺伝子を持っています。これに対して、動物や植物のような真核細胞においては、遺伝子のサイズが生物種によって大きく異なっている場合や、遺伝子間の距離も大きく違っている場合が多々あるため、一般的にゲノムサイズと遺伝子数に相関関係がありません。例えば、線虫はゲノムサイズが約100メガ塩基対で約20000の遺伝子を持っており、キイロショウジョウバエはゲノムサイズが約180メガ塩基対で約14000の遺伝子を持っています。

DNAシーケンサーによるゲノム研究の進展

DNAシーケンサーは核酸塩基の並びであるDNAシークエンスを読み取る機器です。当初、DNAシークエンスの方法は、マキサム・ギルバート法とサンガー法の二つがありましたが、DNAシーケンサーとしてその後開発されたのはサンガー法に基づくものでした。[4] サンガー法はフレディック・サンガーによって考案されましたが、サンガーはタンパク質のアミノ酸配列の決定法も考案しています。さらに彼はアミノ酸配列の決定法と塩基配列の決定法のそれぞれの業績に対してノーベル化学賞を2度受けています。初期のDNAシークエンサーは、1回の反応によって数百塩基配列を決定することができましたが、バクテリアのゲノムサイズが数メガ塩基対なので、あるバクテリアのゲノム塩基配列を初期のDNAシークエンサーで決めるためには多大な時間、労力、費用がかかりました。

しかし、DNAシークエンサーの革新的な発展が2005年ごろに生じました。その背景には、アメリカ政府によるDNAシークエンス技術への支援があります。そのため、ヒトゲノムの発表の際には、アメリカ大統領がテレビの前で演説したように、ゲノム科学の分野においてアメリカは大きな影響力を持っています。大量並列型DNAシークエンス技術が確立し、1回の解析で異なるDNAシークエンスを並列に行うことが可能となりました。現在では、私たちが研究室で使用しているものでも、1回の反応によって、数ギガ塩基配列（ギガは10の9乗）を決めることができます。ちなみにヒトのゲノムサイズは約3ギガ塩基対です。すでに、数テラ塩基配列（テラは10の12乗）を1回の解析で決めることができるDNAシークエンサーも登場しています。[4] また、並列にシークエンスする際にそれぞれのシークエンスサイズをより長く決めることができるDNAシークエンサーも登場したことによって、現在では一人の実験者が1日（これはシークエンスに要する時間です。実際には、シークエンスデータを整理する時間がそれ以上にかかることが一般的です）で数種の異なるバクテリアのゲノム塩基配列をそれぞれ決めることが可能となっています。

この大量並列型ＤＮＡシーケンサーによって、ゲノム研究も大きく変化しました。これまでのＤＮＡシークエンス解析は、新しくシークエンスした塩基配列情報に基づいて次のシークエンスを行うため、ＤＮＡシークエンスの実験前に、末端を無駄なくつなぎ合わせて進める方法でした。この方法は確実にシークエンスをつなぎ合わせることができますが、シークエンスを行わないと次のシークエンスができないため、時間がかかりました。これに対して、大量並列型ＤＮＡシークエンス解析では、大量の異なるＤＮＡシークエンスデータを一度に得ることができるようになったため、対象のゲノムＤＮＡをランダムに分断し、その結果生じるさまざまなＤＮＡ断片のシークエンスを行うことが可能となり、つなぎ目の情報を知ることなく、ＤＮＡシーケンサーにかけます。その後、コンピュータを使用して、それぞれの断片の末端領域のシークエンスを比較して、重ね合わせてつなげます。このことをアセンブリ（assembly）と呼びます。ゲノムＤＮＡにおいて重複している領域や繰り返し領域が存在している場合には、このアセンブリの間違いが生じます。それを回避する最も有効な方法は、一つ一つのＤＮＡシークエンスのサイズを長くすることです。大量並列型ＤＮＡシークエンスの結果、多くの領域で重複するシークエンスが存在することになりますが、その重複度が高いほど、ＤＮＡシークエンスの精度が高くなります。このゲノムシークエンスの方法はショットガンシークエンス法と呼ばれ、ヒトゲノムの塩基配列を決める際、セレラ・ジェノミクス社が使った方法として有名です。

ＤＮＡシーケンサーの発展は、コンピュータの重要性をますます高め、生物情報学（バイオインフォマティクス）の発展にも大きく寄与しました。バイオインフォマティクスの解析はコンピュータを使用して行われますが、その対象であるゲノムや遺伝子発現産物のデータが不十分なものであったり、偏りのあるデータであったりすると結果もよくないもの（実験者、研究者の期待しているレベルに達していないもの）となります。生物を対象として、実験データに基づく解析を行う以上、解析対象のデータが正確で精度の高いものである必要があります。バイオインフォマティクスの範疇には、タンパク質の立体構造解析なども含まれ、さまざまなシミュレーションを行う場合にもコンピュータを使っています。現在の生物学においてコンピュータが必須と言われる背景はここにあります。

2　類似配列から機能を推定することの限界

第2章第4節で述べたように、細胞外にもDNAが存在しています。それらがどれほど存在しているかについてまだ不明なことが多々ありますが、その中には機能しているものがあることは間違いありません。その機能を調べる術を持つ必要がありますが、まずはDNAの塩基配列情報からその機能を探る（推定する）ことを考えます。

第2章および補足説明でも述べていますが、DNAの遺伝情報は、細胞内においてRNAとして転写され、そのRNAの塩基配列に基づいてタンパク質として翻訳され機能します（セントラルドグマ、図2－1）。すなわち、多くの遺伝情報は、機能を担っているタンパク質の構造とそれを細胞内で必要なときに発現させることを意味しています。よって、DNAが機能するためには、その情報として、タンパク質の構造をコードしている領域と、RNAへの転写のオン・オフを制御する領域を併せて持っています。そのため、タンパク質の構造が似ている遺伝子は、その塩基配列にも類似性がある場合があります。また、同じような状況で遺伝子発現を行う場合には、その制御にかかわる領域も類似している塩基配列を持つことがあります。

第3章第2節では、日本酒やその製造過程におけるサンプルに存在しているバクテリアDNAの特定領域だけを増幅して、その塩基配列を決定していますが、第3章第3節では、富山湾からの海水サンプルに含まれるすべてのＤＮＡの塩基配列を決定しています。第３章第２節ではバクテリアの種類（分類学における帰属）が標的になっており、日本酒という限られたものに含まれているＤＮＡを対象としていますが、第３章第３節では標的は決まっていません。

日本酒に含まれるＤＮＡの解析のように多種多様に含まれているＤＮＡから特定の領域だけを増幅できる背景には、同じ機能を持つ遺伝情報のＤＮＡ塩基配列は類似していることが背景にあります。このことは、遺伝情報が生物の多様化や進化とともに違いを生じながら継承されてきたことを考えると当然のことです。

ＰＣＲとは

遺伝情報であるＤＮＡの塩基配列が類似している領域だけを増幅するシステムであるPolymerase Chain Reaction（ＰＣＲ）について説明します。このシステムは新型コロナウイルスの検出などでもおなじみかもしれません。前述してきましたように、細胞内においてＤＮＡは複製します。そのとき、ＤＮＡ合成酵素が働き、ＤＮＡの２重らせん構造の核酸塩基の水素結合部分が外れて生じる一方の鎖構造の塩基配列を鋳型にして、その相補鎖の塩基配列を持つポリヌクレオチド鎖を形成していきます。この反応を試験管内で生じさせて、ある特定の領域のＤＮＡの２重らせん構造と同じものを次々と形成させていくシステムがＰＣＲです[5]。そのためには、プライマーと呼ばれるヌクレオチド鎖を伸長させるためのスターターが必要です。プライマーは20塩

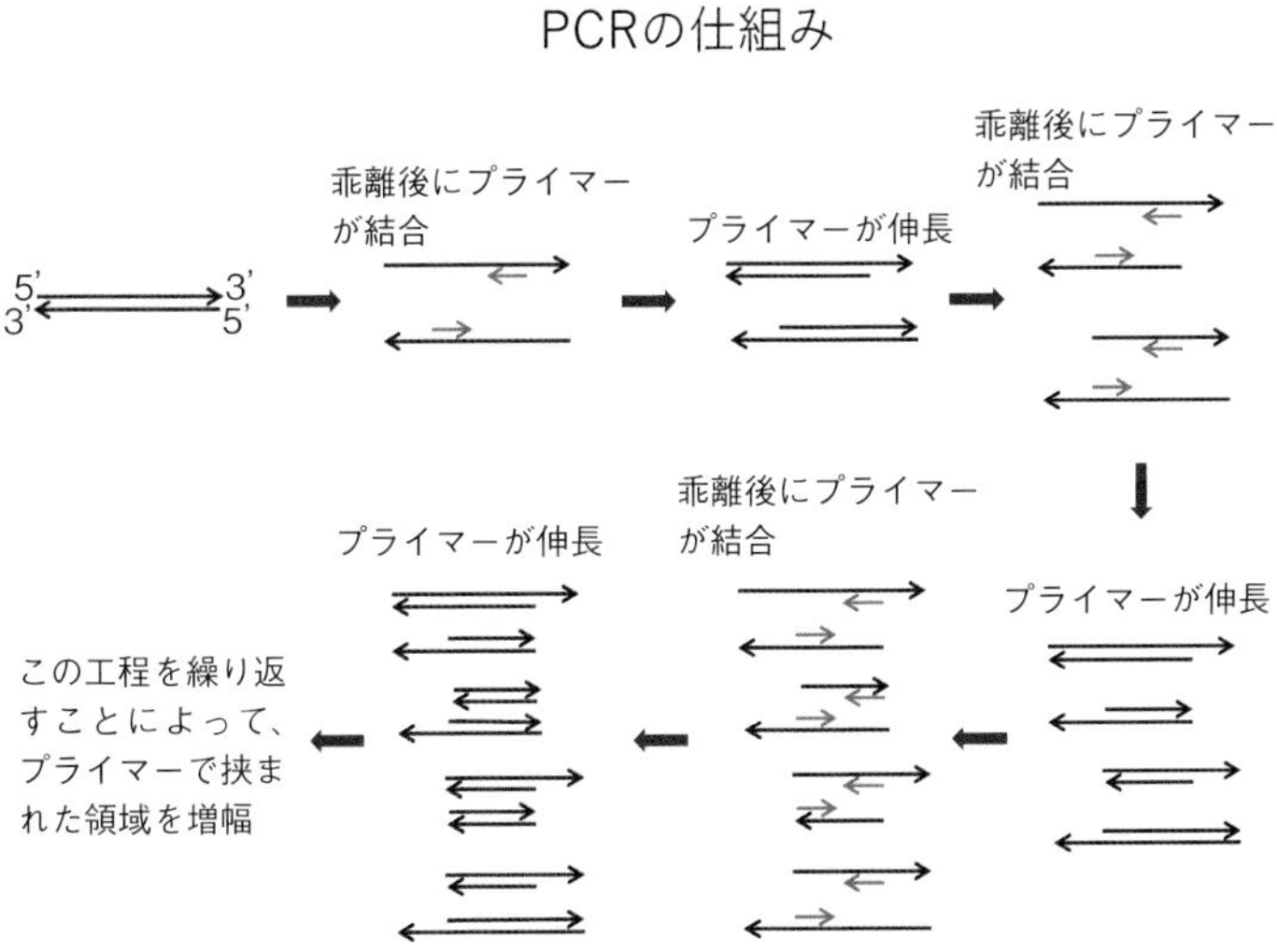

図 4-1　PCRによるDNAの特定領域の増幅の仕組み
DNAの伸長はプライマーの3'側末端から生じます。DNAの乖離とその乖離した単鎖へのプライマーの結合とその後の伸長によってプライマーで囲まれた領域が増幅されます。

基程度の長さを持った単鎖のDNAであり、その塩基配列に相補塩基配列になっている領域に結合します（図4－1）。よって、異なる生物種由来のDNAと結合するためには、類似配列中において保存度が高く、一致している領域を標的としてプライマーを設計する必要があります。このプライマーを2種類用意して、その2種類がそれぞれ結合する部分で囲まれた領域がDNAの2重らせん構造の水素結合の乖離と融合を繰り返し、試験管内で増幅します（図4－1）。すなわち、PCR増幅対象のDNAが二つの鎖構造に乖離し、それぞれの鎖構造に異なるプライマーが結合します（これをアニーリングと言います）。その結合した部分よりヌクレオチドが5'側から3'側への方向性を持って相補的につなぎ合わされたポリヌクレオチド鎖ができます。その後、反応溶液の温度を上げることによって、再びＤＮＡは乖離します（図４－１）。温度を下げることによって、再びプライマーが結合し、伸長します。この繰り返しによって、特定の領域だけが増幅します（図４－１）。日本酒におけるバクテリアの菌叢解析に使用した遺伝子は、リボソームＲＮＡ（rRNA）をコードしている領域であり、データベース（後述）に存在しているほぼすべてのバクテリアのrRNA遺伝子の一部を増幅させることができます。このことは、rRNAが生物種の壁を越えて進化的に極めて保存度が高い構造を持っていることを意味しています。

遺伝情報のデータベース

一般的に、生物は親から子へ遺伝情報を継承してきました。また、種分化が生じた際にも、共通祖先からの遺伝情報の継承がありました。よって、同じ機能を持つ遺伝子の構造はよく似ており、そのため、それらの塩基配列やタンパク質におけるアミノ酸配列を比較することが可能となります。もし、それらの配列がばらばらで共通性がなかった場合には、類似性を比較することができません。すなわち、同じ機能を持つタンパク質が生命活動において必要であった場合、その情報（そのタンパク質をコードしているＤＮＡ領域）は遺伝によって継承され、同じような構造を持って、異なる生物（共通祖先から派生した）に存在し、分布することを意味しています。そのため、生物進化の過程において、共通祖先から分岐してからの時間が経過すればするほど、共通の機能を持っている遺伝情報における生物間での違いは大きくなっていきます。タンパク質のアミノ酸配列やＤＮＡの塩基配列の違いに基づく系統樹において、離れれば離れるほど共通祖先から分岐してからの時間が経っていることを示します。このことがＤＮＡにおける塩基配列やタンパク質におけるアミノ酸配列に対する類似配列検索に基づいて遺伝情報の推定ができる背景です。

そこで、これまでにシークエンスされてきた遺伝情報をデータベース化して、インターネットを通して遺伝情報のデータベースとして公開されています。公開されているデータには、タンパク質の立体構造も含まれており、データベースは時々刻々と膨大になっています。アメリカにはNational Center for Biotechnology Information（ＮＣＢＩ）[6]、ヨーロッパにはEuropean Bioinformatics Institute（ＥＢＩ）[7]、日本にはDNA Data Bank of Japan（ＤＤＢＪ）[8]が遺伝情報のデータベースとして設置されており、それらの情報は定期的に最新のものに更新されて、多くの遺伝情報は世界中で共有されています。これらすべての遺伝情報は、まさに世界共通の宝であると言えます。これらのデータベースには、インターネット上で類似配列を検索できるプログラムも併設されており、データベースの配列情報を自分のコンピュータにダウンロードすることなく、塩基配列やアミノ酸配列に対する類似配列を調べることができます。その際、不一致の割合などのパラメータを変えることによって、類似性の度合いを変えることができます。類似配列の検索結果は、調べた配列に近縁であるものが順番に列挙されるため、その機能を推定する際に有用となっています。

細胞外DNA研究で明らかにしたいこと

第3章第3節で述べたように、富山湾からのサンプルを網羅的にDNAシークエンスした結果、その95％以上がデータベースに存在しているDNAとは類似性を持たないことが分かりました。それでは、日本酒に含まれているDNAを網羅的にシークエンスしても同様の結果となるでしょうか？　おそらくそのようにはならず、日本酒酵母、麹菌、あるいは酒米由来のDNAが大半となり、それぞれがデータベースに登録されているDNAシークエンスと類似性を持つ結果となるでしょう。この違いはどこから生じるのでしょうか？　特定の微生物が増殖した状況ではない富山湾の海水中に含まれているDNAは通常の海を漂っているもので構成されており、そのDNAの濃度は低く、同じ生物由来、あるいは同じ塩基配列を持つものが極端に少なく、多様性が高いサンプルです。他方、限られた原材料と麹菌および日本酒酵母を用いた発酵によって造られる日本酒に含まれているDNAは麹菌および酵母由来のDNAの比率が高くなり、同じ生物由来、あるいは同じ塩基配列を持つものが多くなり、それらが優先的にDNAシークエンスされ、仕込み水に含まれているさまざまな生物由来のDNAの比率は極端に低くなり、DNAシークエンスで検出できる限界を下回るほどに低くなっていると考えられます。同じ細胞外ＤＮＡであっても、環境中のＤＮＡと飲食品に含まれるＤＮＡには、上記のような違いがあることを考慮する必要があります。

私たちが目にしている環境において、特定の微生物だけが増殖しているようなところは極めて限られています。多くの環境では、さまざまな生物が相互関係を維持しながら存在していると考えてよいでしょう。例えば、富山は自然が豊かなところですが、特定の生物種が多いわけではなく、さまざまな生物種が相互関係を持ちながら生きているように見えます。異種生物間の相互関係のバランスが崩れた場合、例えば、海では赤潮が発生するなど、特定の生物種だけが増殖するような現象が現れます。興味深いことは、異種生物間のバランスを保ちながら生きている生物の周りの環境中に塩基配列が異なっている多くのＤＮＡが存在していることです。多くの微生物の全ゲノムＤＮＡの塩基配列が決められているので、もし細胞内に存在しているＤＮＡと類似性を持つＤＮＡであれば、95％もデータベースに登録されている塩基配列と類似性がないことは起こり得ません。よって、細胞外のＤＮＡはその環境に生育している生物由来ではなく、異なる環境あるいは、かつてそこに生育していた（時間的に大きく過去の）生物由来のＤＮＡである可能性が高いと考えられます。このようなＤＮＡが環境中に生きている細胞内に取り込まれることはあるのでしょうか？　取り込まれた場合、そのＤＮＡは取り込んだ細胞内で機能できるのでしょうか？　本書で繰り返し述べていますが、細胞外ＤＮＡの研究は、そこを明らかにしなければなりません。

細胞外ＤＮＡの単細胞生物の多様化への影響

多くの研究から言われていることですが、ヒトが把握しているバクテリアの種（現時点で登録されている数は７０００程度）は、実際に存在しているバクテリアの種の1～10％程度であると考えられています（そもそも生物種の概念は、ヒトがつくり出した体系であり、自然界においては種名など無関係に生物が群集として生きているわけです）。第2章で述べたように、最近、海洋から20万ほどの異なるウイルス集団（微生物の種に相当）を特定したこと（第2章文献[34]参照）は、その宿主であるバクテリアの多様性も背景にあることは間違いないと思います。少なくともバクテリアの種の数が1万以下であることは考えられません。また、遺伝情報であるＤＮＡの塩基配列多様性という観点から考えても、系統的にまとまっている集団の数は相当数になると考えられます。このことは、環境中に漂っているＤＮＡには、すでに絶滅した生物種を含めヒトが把握していない生物由来のものが存在している可能性が高いことを示唆しています。重要なことなので繰り返し述べていますが、ＤＮＡの塩基配列情報だけでは、その機能を明らかにすることはできません。さらに、類似性がないものについては、機能を推定することさえできません。ＤＮＡの遺伝情報を知るためには、生きている細胞における機能を調べることが必須です。

細胞外である環境中に存在しているＤＮＡが生物に対して影響を与える場合、単細胞性のバクテリアやアーキア、そして真核生物である酵母などの微生物は、１細胞が１個体として機能しているので、細胞は環境に取り囲まれており、ＤＮＡが細胞に入る可能性が多細胞生物に比べて高い生物と言えます。また、分裂や出芽によって増殖するので、細胞内に入ったＤＮＡが継承される可能性も高いと考えられます。ただ、バクテリアやアーキアに比べ真核微生物においては、細胞内に入ったＤＮＡがその細胞のクロモソームＤＮＡに挿入される可能性は低いと考えられます。その理由はクロモソームＤＮＡが核で囲まれているため、核膜孔をＤＮＡが逆行する必要があると考えられるためです。さらに動物や植物などの多細胞生物においては、体細胞と生殖細胞が分かれていることから、細胞内に入ったＤＮＡの影響が世代を超えて生じる可能性は単細胞性の微生物に比べてとても低いと考えられます。このように生物の系統進化を共通祖先からたどると、細胞外ＤＮＡの影響を受けにくいように進化が生じてきたように見えます。逆の言い方をすると、初期の生物（バクテリア様細胞）においては、細胞外ＤＮＡの影響を強く受けていたと考えられます。細胞外ＤＮＡをうまく利活用してきたバクテリアやアーキアに対して、真核生物はその影響を低減させる方向で進化してきたと私は考えています。しかし、ウイルスは真核生物にも感染し、その痕跡を残してきました。細胞外ＤＮＡと細胞とのかかわりを解明することによって、生物多様化（進化）の中において、いかにしてそれぞれの生物種がアイデンティティを維持してきたかに対する一つの答えを出せる可能性があります。

3　類似配列とは異なる視点を持つ

遺伝情報はＤＮＡの塩基配列であると繰り返し述べてきました。しかし、私たちは、その配列情報を基にして全く新しい生物の遺伝情報をデザインするには至っていません。理由は明確であり、意味をまだ分かっていない塩基配列の情報が多々存在しているからです。例えば、英語がＡからＺまでの26の文字から表記できることを知っていても、そこに書かれた意味を理解できるわけではありません。単語や文の構造を理解しなければ分からないことは明らかです。現在のゲノム科学はそのところを読み解こうと研究している段階です。類似配列の検索は極めて有力なツールですが、万能ではありません。データベースに登録されている遺伝情報のパーツがすべてのゲノムの構成要素を満たしているとは考えられないからです。例えば、ある未知の塩基配列やアミノ酸配列をデータベースに対して類似配列検索をして、最も類似したものの機能を推定したとしましょう。その配列は、ある特定の機能を持つと予測されると記載されて、それもデータベースに登録します。さらに異なる研究者が、異なる配列の検索をして、その予測されたものと最も類似していたとしましょう。そこで、その研究者もまた同じ機能を持っていると予測して登録します。これが繰り返されると、どうなるでしょうか？　最初にヒットした機能が分かっている遺伝情報とは異なる配列のものも同じ機能を持つと予測される事態になり、実際に、その機能が分かった際には異なる機能であることは多々生じています。生物が40億年かけて行ってきた試行錯誤の結果、ある程度の違いを持っていても同じ機能を持っているものを継承してきました。このある程度というものはコンピュータには理解できないことです。例えば、数％の違いがあれば、異なる機能を持ってしまう場合もありますし、50％程度違っていても同じ機能を持つ場合もあるわけです。塩基置換の速度が速い遺伝情報もありますし、遅い遺伝情報もあるわけです。コンピュータができることは、レファレンスに対して、どの程度、どこが違っているかを明らかにすることはできますが、その結果、どのような機能を持っているかを推定するまでには至っていないということです。このことこそが、遺伝情報の大半の機能がまだ分かっていないことを意味しています。

遺伝情報の機能解析のために

まだまだ未知の機能を持つ遺伝子なり遺伝情報が存在していると考えて間違いないと思います。遺伝子の機能解析は、その現象を追って研究をしている研究者に依存するため、網羅的に遺伝子の機能が次々と明らかになることは極めて困難、もしくはできません。そこで注目されるのは、塩基配列そのものではなく、その組成であるGC含量や特定のDNA断片に出現する塩基配列のパターンであるゲノムシグネチャー（第3章第3節）です。細胞の中の仕組みには厳密に守られていることと曖昧なままにされているところがあります。DNAの塩基配列が時間とともに変化することを考えると、厳密性の方が優れているとは言い難く、曖昧な部分を継承することによってシステムを維持することが可能となることも多々あると考えられます。例えば、第2章で述べたクロモソームDNAに組み込まれた外来性DNAからの遺伝情報の発現を抑制している核様体タンパク質は外来性領域に結合します。その際の指標が周りよりも若干低くなっているGC含量領域です。外来性のDNAの塩基配列を特定することができない以上、曖昧な状態で機能を発揮できるようになっているわけです。類似配列の検索では、類似している配列がなければヒットしませんが、その意味では、このような核様体タンパク質が結合する領域の塩基配列としての類似性は見出せないということになります。しかし、その領域の配列の特徴としてのGC含量の低さはあるわけです。ゲノムシグネチャーの比較は、その塩基配列の機能を問題とせず、そのDNA領域やDNA断片にある塩基配列の特徴によって識別する方法であり、曖昧な遺伝情報の比較や機能推定をできない領域や断片における比較が可能となります。

バクテリアなどの単細胞性の生物における遺伝情報の水平伝播は、バクテリアなどの進化、多様化に大きな影響を与えてきました。しかし、どのような場合に、どのような遺伝情報が水平伝播してきたのかを明らかにすることは困難です。興味深いことには、生物の系統進化上遠縁のバクテリアであるにもかかわらずゲノムシグネチャーやGC含量が類似しているものがあります。このような生物間においては、遺伝情報の水平伝播が頻繁に生じた可能性が高いと考えています。また、系統進化上近縁であってもゲノムシグネチャーが異なる生物もいます。これらの生物間ににおける遺伝情報の水平伝播はあまり生じていないかもしれないと考えています。それぞれの生物が特有の塩基配列のパターンを持つことは、それぞれの生物がそのようにゲノムＤＮＡを編集していることを意味しています。第３章第３節でも述べましたが、どのようにしてそのような編集が行われ、それぞれの生物に特有のゲノムシグネチャーを持つに至ったかは分かっていません。しかし、現象としてそのようなことが生じていることは間違いなく、よって、ゲノムシグネチャーが異なっているＤＮＡが細胞に入り、その後ゲノムＤＮＡに組み込まれた場合、その外来領域はいずれ編集を受けることになります。このことは、編集作業の少ないＤＮＡの方が取り込まれやすいのではないかと予測される根拠です。このような予測や可能性を実験で確かめるためには、細胞に環境ＤＮＡや異種ＤＮＡを導入し、その影響を観察することが必要であると考えています。

バクテリア進化における細胞外ＤＮＡの存在

また、微生物学の分野においても、合成生物学やシステム生物学という領域が始まっています。細胞内で生じるさまざまな現象において、生命活動の重要性が高い場合、異なった経路で同様のことが行われている場合が多々あります。一つの遺伝子が機能しなくなっても、それを補うシステムが存在している場合が多いということです。生物のシステムとしての頑強性が必要であり、そのため一つの遺伝情報が異なる機能を持っていたり、同じ機能を持つ遺伝情報が複数ゲノムに刻まれていたりしています。よって、機能をはかるために、宿主細胞に遺伝情報であるＤＮＡを導入した場合に、さまざまな細胞内におけるシステムに変化が生じる可能性があり、ある特定の機能だけが生じることは少ないと考えられます。この微妙な変化や違いを再現性よく示すことができる実験系の構築が必要であると考えています。第2章で述べましたが、バクテリアのような単細胞で生活している微生物は、進化とともにゲノムサイズを縮小してきました。このことは、先に述べた異なる経路をもって重要な機能を維持していることと矛盾しています。これは真核細胞生物の進化と大きな違いです。このことこそが、環境中に存在している細胞外DNAの細胞内への取り込みを前提にしたバクテリアの生き様ではないかと考えています。すなわち、バクテリアの進化と細胞の継承と維持は、細胞外DNAの存在がなければ成り立たないということです。

第1章で述べましたが、環境中、例えば海において、漂っているDNAが、その機能を発揮できる細胞と出会う確率はそれらの数によって決まり、一般的には極めて低いと考えられます。しかし、出会う確率が低くても、膨大な時間をかければそのようなことも生じ、長い年月をかけて今の生物のシステムが確立したと考えられます。それを実験によって検証するためには、機能未知のDNAの多様性とともに、異なるDNAが機能を示しうる細胞を準備して実験に提供できることが必要となります。よって、細胞外DNAの機能を網羅的に解析するためには、大腸菌や枯草菌などの遺伝学のモデル生物だけを実験や研究における対象としていてはだめだということです。

このような観点から、私たちはすべてのバクテリアを研究対象として使用できる実験系の構築を目指しています。例えば、機能未知のＤＮＡが分離され、検出された環境に生きているバクテリアを分離して、それら名もなきバクテリアさえも実験に使用することを考えています。ただ、その背景として、これまでのバクテリアや微生物の種の多様性（進化的な系統関係）を把握しなければなりません。例えば、グラム陰性である大腸菌とグラム陽性である枯草菌の進化的な違いはどれほどあって、類似しているところはどれほど存在しているかについてイメージできなければ、どのようなバクテリアを実験で使用するか分からないことになります。すなわち、バクテリアに関する分類学や系統進化学をしっかりと学ぶことが重要となります。私は大学院において「微生物分類・保存」という研究室に所属しました。当時は、リボソームＲＮＡの塩基配列に基づく系統分類学が、形態的な特徴に乏しい微生物に次々と導入されれは始めた時期でしたので、極めて有意義な大学院の５年間を過ごすことができました。ただ、その当時は分類学ではなく進化学に興味があり、微生物の性状に基づいて分類することは作業であって研究ではないように思っていました。いま、それから長い（と言いましても、人間の一生におけるということですが）時間がたって、機能が分からない環境に漂っているＤＮＡの機能を知りたいと考えるとき、微生物の系統分類学がどれほど大切かについて再認識しているところです。ついでに述べておきますが、現在の日本の大学において、微生物の分類学をしっかりと講義できるところはほぼ皆無であるように感じています（もちろん、これは教えることができる教員がいないことを意味しており、そのように教育体制を文部科学省が崩壊させ、再構築してこなかったからです）。これは極めて憂慮される事態であり、早急な対策がなされないと取り返しがつかない事態になるように思えてなりません。

引用文献

[1] Watson JD, Crick FHC（1953）Molecular structure of nucleic acids: a structure for deoxyribose nucleic acid. Nature 171, 737–738

[2] アン・セイヤー著　「ロザリンド・フランクリンとＤＮＡ―ぬすまれた栄光」（１９７９）深町眞理子訳、草思社

[3] Chargaff E, *et al.*（1951）The composition of the deoxyribonucleic acid of salmon sperm. Journal of Biological Chemistry 192, 223–230

[4] Heather JM, Chain B（2016）The sequence of sequencers: the history of sequencing DNA. Genomics 107, 1–8

[5] ポール・ラビノウ著　「ＰＣＲの誕生」（１９９８）渡辺政隆訳、みすず書房

[6] https://www.ncbi.nlm.nih.gov/

[7] https://www.ebi.ac.uk/

[8] https://www.ddbj.nig.ac.jp/index.html

第5章

細胞外DNAの解明に挑戦する

1　バクテリア細胞の巨大化

これまでに本書で述べてきたように、生物の40億年の歴史の中で、遺伝情報は水平伝播してきました。特にバクテリアなどの単細胞で生きている生物においては、遺伝情報の水平伝播がその多様化や進化に与えた影響は大きかったと考えられます。ただ、バクテリアが細胞外DNAを取り込む場合、遺伝情報の多様化をもたらしますが、そのバクテリアのアイデンティティを喪失する危機が生じます。生物進化的に近縁な生物種からのDNAであれば、自身のゲノムDNAとの識別ができない可能性がありますが、遠縁な生物種からのDNAであれば、細胞が遺伝情報として認識することができず、導入されたDNAが機能できない（外敵の侵入と認識された場合には分解される）可能性が高いと考えられます。

私たちの研究室では、バクテリアの細胞を巨大化して、その細胞に機能が分からないDNAを導入し、細胞がどのようになるかを観察したいと考えています。そこで、機能未知のDNAを細胞に導入する実験において私たちが知りたい重要なことは、バクテリア細胞内で発現するDNAの揺らぎ（DNAの塩基配列の違い）はどの程度許容されているかということです。そもそもその情報を知らない限り、機能を知りたいDNAをどの細胞へ導入すればよいか分かりません。

バクテリア細胞において遺伝情報として認識されるDNAを調べるためには、バクテリア細胞に系統進化的に異なった遺伝情報であるＤＮＡをさまざまに導入し、導入したＤＮＡが複製するかどうか、どのような遺伝子が発現するかを調べる必要があります。生物学においては、ある規則性や偏りを知るためには、それなりの実験を行い、それらを比較することが必須となります。

分子生物学における微生物への形質転換の実験は、ＤＮＡを塩化カルシウム存在下で熱ショック（通常培養温度よりも数度高い状況にすること）によって細胞内に導入しています。また、パーティクル・ガン法やエレクトロポレーション法など物理的に細胞表層に穴を開けて導入する方法もあります。いずれにしても、微生物の細胞表層を一時的に変化させて、無理やりＤＮＡを導入しなればなりません。別の言い方をしますと、通常の微生物細胞は、細胞外ＤＮＡを（積極的に）取り入れる状況にはないということです。40億年前からそのようになっていたとは考えられず、生物進化に伴って多様化促進からアイデンティティ維持へ生物のスタイルが変化していると考えられます。バクテリアの形質転換は分子生物学的方法を使って可能ですが、バクテリアのクロモソームのような長鎖ＤＮＡになると導入することが一般的にはできません。

細胞壁を取り除いて細胞を巨大化する

そこで、私たちが注目した技術がマイクロインジェクションです。この技術は、極めて先端が細くなっているガラス管（インジェクションニードル）を細胞に突き刺して、ＤＮＡ、ＲＮＡ、タンパク質などを導入する方法です（図５－１）。マイクロインジェクションの操作は、顕微鏡

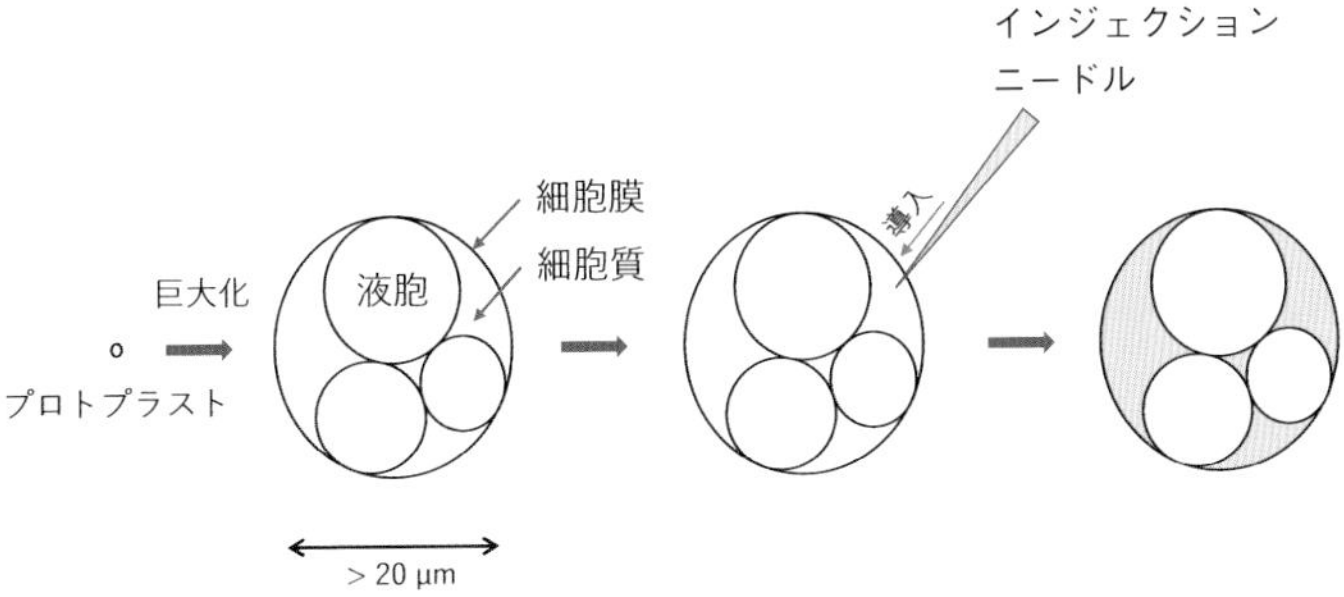

図5–1　バクテリア細胞の巨大化とその細胞へのマイクロインジェクション
通常のバクテリア細胞には、数メガ塩基対の大きさのバクテリアのクロモソームなどの長鎖DNAは導入できません。また、通常のバクテリア細胞はサイズが小さくマイクロインジェクションできません。そこで細胞を巨大化して、その細胞への異種DNAのマイクロインジェクションを行います。マイクロインジェクションするためには、直径を20㎛以上にする必要があります。

下で行います（本章第2節）。真核生物の卵細胞などは細胞直径が数十㎛であるため、マイクロインジェクションが可能です。真核細胞においては、この技術を用いてクローン生物をつくることなどが行われています。しかし、バクテリア細胞は数㎛の細胞サイズしかなく、ガラス管を突き刺すことができません。

そこで私たちは、バクテリア細胞を大きくすることにチャレンジしました。バクテリアの細胞の構造維持を担っているのは細胞壁です。細胞壁があることによって、細胞は一定の形を維持して、さらに細胞分裂することができます。よって、バクテリア細胞を巨大化するためには、細胞壁を取り除く必要があります。涙などに含まれている酵素であるリゾチームは、バクテリアの

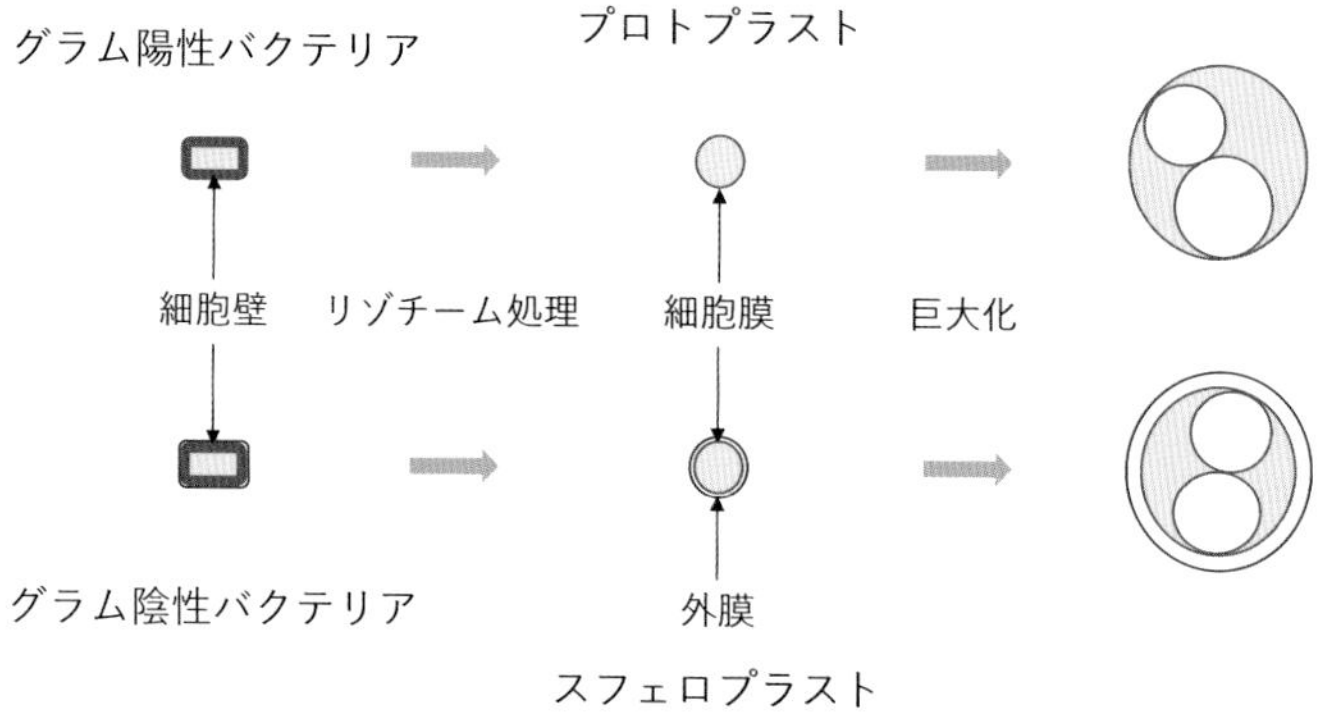

図5-2　バクテリア細胞の巨大化方法
リゾチームなどによって細胞壁を溶解し、ペニシリンなどの細胞壁合成阻害剤の存在下でインキュベーションすることによって巨大化させます。

細胞壁の主成分であるペプチドグリカンを溶解させます。この状態の細胞をプロトプラストあるいはスフェロプラストと呼びます（図5－2）。また、ペニシリンのような細胞壁合成阻害剤によって、プロトプラストを誘導できることも知られています[1]。細胞壁が完全に除かれ、細胞膜だけで細胞が覆われている細胞をプロトプラスト、細胞膜以外の成分が一部でも残っている場合にはスフェロプラストと呼んでいます。ただ、本書では、グラム陰性バクテリアの場合には、細胞壁が完全に除かれていても外膜が存在しているため、グラム陰性バクテリア由来のものについてはスフェロプラストと表現しています（図5－2）。細胞壁欠失細胞は細胞壁を合成できる状況になると細胞壁を再合成して、元の細胞へ戻る細胞があることが報告されています[2]。

　そこで、細胞壁の合成を阻害する抗生物質（例えばペニシリンなど）をプロトプラストやスフェロプラストの溶液に添加することによって、細胞は細胞壁を再合成できない状況になります。この状態のとき、細胞は分裂することができません。[3] しかし、溶液にエネルギー生産ができるような養分が添加され、細胞が破裂しないための浸透圧に調整されている場合、プロトプラストやスフェロプラストは分裂することなく巨大化することが可能な状態になります（図5－2）。この方法で作製された巨大細胞には細胞壁がないため、パッチクランプ法というガラス管を細胞膜に接触させて膜の電位状態をモニタリングする解析に使用されています。[4][5] 私たちはこの巨大細胞を使用してマイクロインジェクションに挑戦しました。

バクテリア細胞の巨大化にはもう一つの方法があります。[6] その方法は細胞壁合成に作用する抗生物質であるセファレキシンをバクテリアに作用させることによって、細胞伸長を起こさせます。そのとき細胞隔壁が生じないため、伸長させた細胞に対してリゾチームを処理すると、細胞がプロトプラストあるいはスフェロプラストとなります。このとき伸長の度合いが高いと巨大な細胞ができます。この方法で巨大化した細胞も、パッチクランプ法による細胞膜タンパク質の機能解析に使用されています。ただこの方法では、これ以上巨大化しない（しがたい）ため、私たちの研究室ではほとんど使用していない方法です。

私たちのバクテリア細胞の巨大化方法は、酵素であるリゾチームと抗生物質であるペニシリンを使用していますが、前述したようにペニシリンだけで細胞壁欠失のバクテリア細胞を生み出すことも可能です。また、富山湾からの海水サンプルに対して、実験室と同様の条件でインキュベーションすると巨大化する細胞が存在していることを確認しました。このことから、ペニシリンがない状況においてもスフェロプラストやプロトプラストになる細胞が存在している可能性があると考えています。細胞壁合成をバクテリア細胞がコントロールできるとすると、その機能は環境応答の一つであると考えることができます。本書の本筋からは外れますが、環境中におけるバクテリアのプロトプラストやスフェロプラストの研究は今後興味深いテーマであると思っています。

バクテリア細胞巨大化にマリン培地を使用する

通常、バクテリアの培養には、そのバクテリアに適した培地が使用されています。私たちが巨大化実験をする前までは、それぞれの培地において最適な塩化ナトリウムの量などを考慮してインキュベーションするための培地を調整していました。この方法では、実験に用いるバクテリアの種の数だけ培地を検討し、準備する必要があります。ところが、海洋性のバクテリアの培地であるマリン培地（海水と同じ金属塩組成を持つ）を用いて海洋性バクテリアの巨大化実験を行う際、塩化ナトリウム濃度を検討する必要があるかどうかということになりました。試しに、マリン培地だけで、そこにペニシリンを添加した状態で培養したところ、スフェロプラストが巨大化することが分かりました。そこで海洋性バクテリア以外についても細胞巨大化のためのインキュベーションに使用する培地としてマリン培地を試してみたところ、ほぼすべてのバクテリアのス

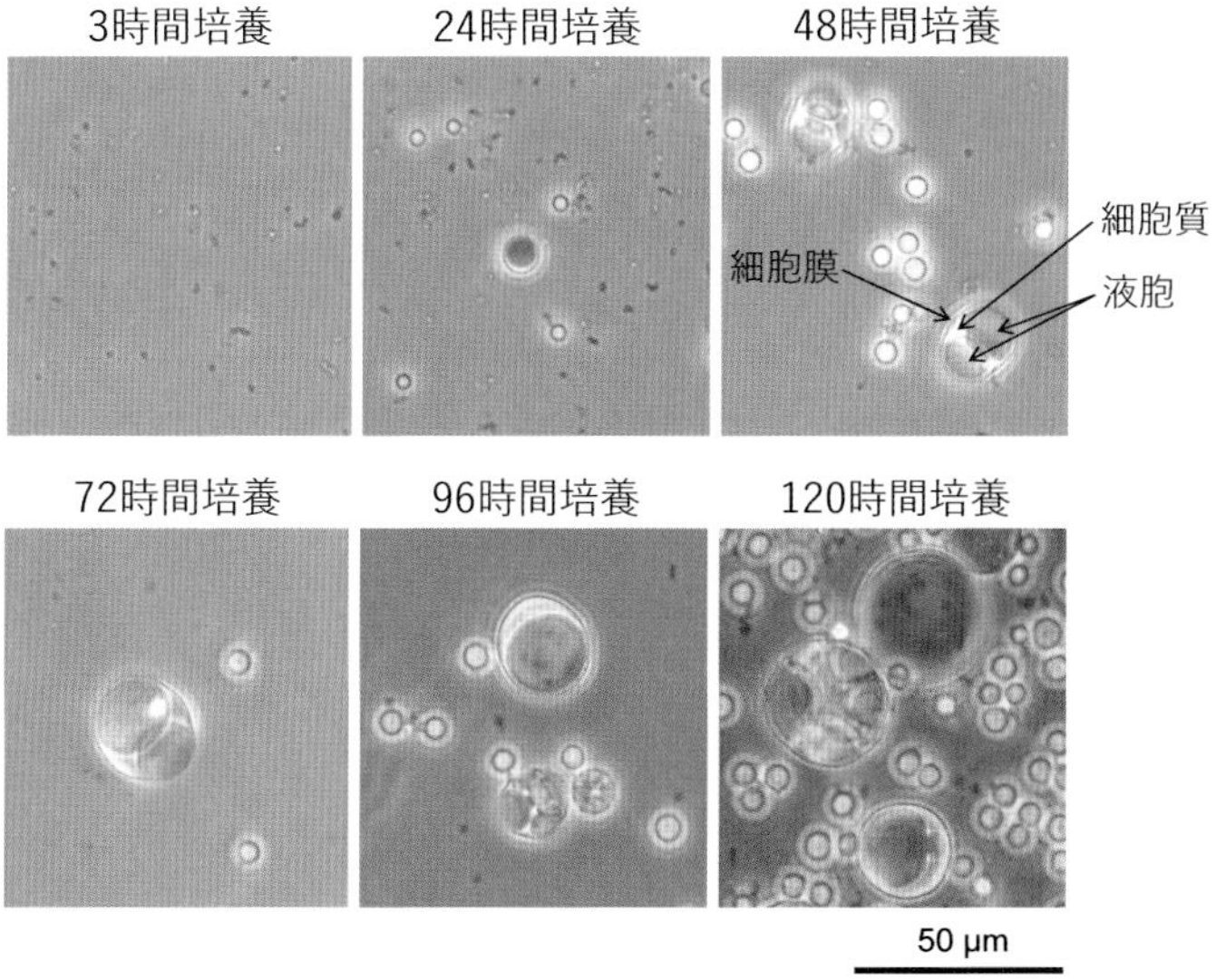

図 5-3　ペニシリン含有マリン培地におけるプロトプラストの巨大化
リゾチーム処理をしたグラム陽性バクテリアのエンテロコッカス・フェカリスのプロトプラストを海水と同じ塩組成を持つマリン培地に細胞壁合成阻害剤であるペニシリンを添加してインキュベーションすると細胞分裂することなく、細胞が巨大化します。このバクテリアの場合には24時間から48時間にかけて、細胞内に液胞が形成される特徴を持っています。

フェロプラストがペニシリンを添加したマリン培地で巨大化することが分かり、それ以降、私たちの研究室では、マリン培地を使用してバクテリア細胞を巨大化しています。培地の成分を考えて微生物を培養することは極めて大切なことであり、巨大化機構の解明への手がかりとなりました。

私たちが巨大化させたバクテリア細胞の例として、ペニシリン含有マリン培地におけるグラム陽性のエンテロコッカス・フェカリスのプロトプラストの巨大化を図５－３に示します。培養時間が24時間から48時間の間に、プロトプラスト内に液胞が形成されていることが分かります。この巨大細胞に対して、ＤＮＡを染色する実験を行ったところ、細胞質だけが染まり、液胞内は染まらないことが分かりました。この液胞は細胞膜の伸張とともに巨大化するため、ＤＮＡやタンパク質を巨大プロトプラストにマイクロインジェクションする際には、液胞を避けて、細胞質にインジェクションする必要があります。

巨大化することは生きている証し

私たちは、微生物の生き様から多くのことを学ぶことができます。この本の主題は、細胞外のＤＮＡですが、細胞外に存在しているすべてのＤＮＡは細胞内でつくられたものです。前述したエンテロコッカス・フェカリスのプロトプラストの巨大化実験において、細胞内にあるＤＮＡの量を測ったところ、プロトプラストの巨大化に伴ってＤＮＡも増加していることが分かりました。

細胞巨大化に伴う複製については、大腸菌でも確認しました。[7] この大腸菌におけるスフェロプラストの巨大化とDNAの複製を調べた際、クロモソームとともに予め形質転換に用いたプラスミドも複製していたことを確認しました。[7] このことは、巨大細胞にDNAを導入した際、複製システムが認識できる塩基配列を持った導入DNAの場合には、複製することを意味しています。細胞分裂しないプロトプラストやスフェロプラスト細胞においても複製することから、細胞膜の伸張（合成）とクロモソームDNAの複製が関連していることを強く示しています。本書で繰り返し述べていますが、遺伝情報であるDNAの複製は、細胞分裂の際に遺伝情報を継承するために必要です。そのため、細胞の巨大化においては分裂しませんので、複製をする必要はないように思います。しかし、実験結果からは、細胞の巨大化においてもDNAが複製していることが分かり、複製を阻害する化合物を添加して複製を止めると巨大化も停止することが分かりました。[8] さらに、細胞の巨大化には転写および翻訳が必須であることも分かりました。これらの結果より、バクテリアのプロトプラストの巨大化は、細胞分裂と同様に複製、転写、翻訳が行われないと生じないことを示しています。すなわち、巨大化することは細胞が生きていることを意味しています。当然のことと思われるかもしれませんが、とても重要なことです。

巨大化する際にどのような遺伝子が発現しているかを網羅的に解析したところ、通常の分裂細胞とは異なる遺伝子が発現していることを確認し、さらに異なるバクテリアの種においては共通した発現パターンを示す遺伝子がある一方でそれぞれの種で異なる発現パターンを示す遺伝子もあることが分かりました。[9] また、特定の遺伝子発現を巨大スフェロプラストとそのほかの細胞において定量逆転写ＰＣＲ（細胞内で転写されたＲＮＡをＰＣＲによって定量する方法）によって比較して、発現パターンに違いを確認しました。[10]

2　顕微鏡で巨大細胞を観察する

微生物学は微生物の単離とその培養によって発展してきました。よって、培地の成分や培養条件の検討は基礎的なことであり、とても重要なことです。また、微生物は一般的に肉眼だけでは見ることができません。よって、顕微鏡による観察は極めて重要なことです。科学の発展とともに新しい研究方法や研究機器が次々と登場してきます。しかし、時代が変化しても重要なことは省くことができません。顕微鏡観察は省くことができない重要なものです。

これまでに自然界で発見された最大サイズの細胞を持つバクテリアはナミビアの大西洋沿岸で見つかり、細胞内に蓄積した硫黄によって白くなり、肉眼で1細胞を見ることができます[11]。全く関係ないことかもしれませんが、バクテリア細胞の巨大化がマリン培地でうまくいくことと、世界で最大サイズのバクテリアが海で見つかったことは「海」という共通点を持っており、生命誕生が海で生じたと考えられていることと併せて興味深いと思っています。ナミビアで発見されたバクテリアの最大細胞サイズは直径0・75㎜です[11]。一般的にはバクテリアの細胞サイズは数㎛ですので、その100倍以上の細胞サイズを持っていることになります。これほど大きくなると肉眼で観察することができますが、これは例外中の例外であり、通常のバクテリアは顕微鏡を使わない限り、その細胞の観察はできません。この肉眼で観察できるほどのバクテリアは細胞内の大半を液胞で満たしています。バクテリアは真核細胞とは異なり、内部に細胞内のエネルギー通貨と呼ばれているATPを生産するミトコンドリアのような細胞内器官を持っていません。よって、生きていくために必須なATPの合成は細胞膜において行っています。すなわち、細胞質における生命活動を担っているエネルギー生産を細胞膜に依存しています。細胞が球形と考える時、直径が2倍になると表面積は4倍、体積は8倍になります。すなわち、4倍しか増加していない細胞膜で8倍にも増加した細胞質を維持しなければならず、大きくなるほどその歪みが大きくなり、破綻します。そこで細胞質の体積をそれほど増加させることなく、伸張した細胞膜でエネルギー供給をするためには、細胞内に液胞をつくり、細胞質の体積増加を抑えることが理にかなっていることとなります。私たちが作成したバクテリアの巨大細胞にも内部に液胞構造が観察されます（図５－１）。興味深いことには、プロトプラストやスフェロプラストがある程度の大きさになった際に細胞質に液胞が形成され、細胞の巨大化に伴って液胞も巨大化しています。バクテリア細胞の巨大化と液胞の形成には重要な関連があると考えています。

さて、私たちの研究室では、位相差顕微鏡、微分干渉顕微鏡、そして蛍光顕微鏡を使用して、微生物を観察しています。理科や生物学の実験などで使用している顕微鏡は明視野の顕微鏡だと思いますが、位相差や微分干渉は、対象をより立体的に観察できるようにしたものです。巨大化した細胞へのマイクロインジェクションでは、細胞を立体的に見る必要があり、私たちの研究室ではマイクロマニピュレーターを微分干渉顕微鏡に設置しています。通常の細胞観察は位相差顕微鏡を使用することが多く、タイムラプス観察（特定の細胞を時間経過とともに観察し続けること）も位相差顕微鏡を使用することが多いです。蛍光顕微鏡は、特定の波長の光を細胞にあてて、蛍光発色する光をとらえて観察できるものです。細胞へあてる光のことを励起光と言い特定の波長を持っています。また、検出する光のことを蛍光と言い特定の波長の光を発しています。蛍光タンパク質や蛍光物質は、特定の励起光によって、特定の蛍光波長を出す性質を持っています。この仕組みを使って、細胞膜に結合する蛍光物質を着けて、そこに励起光をあてることによって、細胞膜の領域を観察できますし、DNAに結合する蛍光物質を作用させることによって、DNAが細胞内のどこにあるかを明らかにすることができます（図5－4）。この方法によって、巨大バクテリア細胞の液胞にはDNAがないことを明らかにできました。

マイクロインジェクションを行うために必要な細胞のサイズは数十㎛なので、私たちはその程度までバクテリア細胞を巨大化しました。マイクロマニピュレーション操作は微分干渉顕微鏡に設置されたものを使用して、顕微鏡によって細胞を観察しながら操作しました。マイクロインジェクションでは細胞を立体的にとらえる必要があるため、微分干渉顕微鏡を使います。

DNAやタンパク質を扱う分子生物学の実験では、対象を目で確認することができません。酵素を添加したことやDNAを分解したことなどは、その際の実験操作では確認することができません。それらを確認するためには、対象を標識することや電気泳動などによって対象を分離する方法が必要となります。目で見えないものを操作し、確信を持って次の実験につなげるためには、

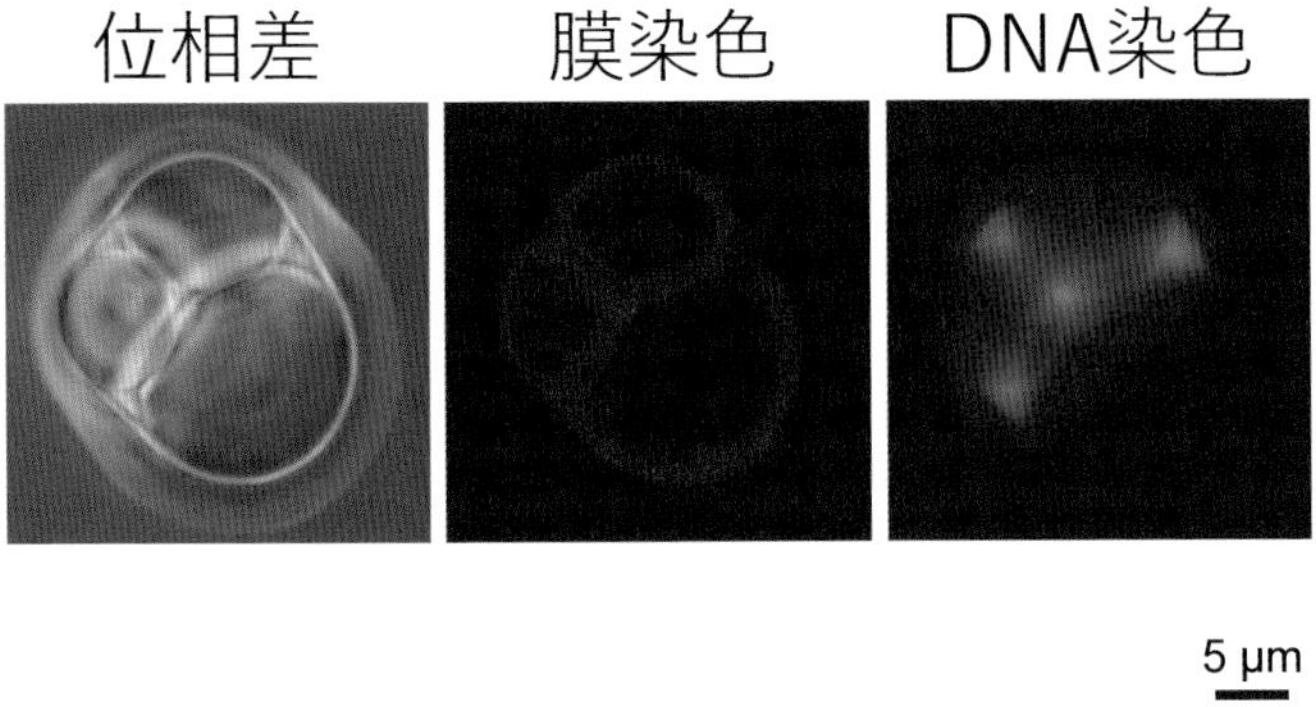

図 5-4　巨大バクテリア細胞の膜およびDNAの染色写真
グラム陽性バクテリアのエンテロコッカス・フェカリスのプロトプラストをペニシリン含有のマリン培地で144時間インキュベーションした細胞にFM4-64で膜を染色し、DAPIでDNAを染色したときの写真です。

実験の繰り返しによって慣れることが必要です。このような分子生物学における実験に対して、顕微鏡によって細胞を確認する実験は目に見えているため、その都度確認できるという長所があり、実験に慣れることなく行うことができます（特に細胞が巨大化しているかどうかを判断できます）。ただ、巨大細胞の表層が単膜か2重膜かなどの細かい部分についての判断は、前述の三つのタイプの光学顕微鏡では確認できません。そこで使用するのが電子顕微鏡です。電子顕微鏡は光で見るのではなく、電子で見るため（電子線の波長は光の波長に比べ短いため）、細胞観察において究極の像を見ることができ、分子レベルの解像度を得ることができるので、詳細な細胞膜構造などを確認することができます。

電子顕微鏡が明らかにしたこと

次の第3節で述べるデイノコッカス・グランディスの巨大スフェロプラストの光学顕微鏡観察から、当初、内部に巨大化な液胞を形成していると考えていました。外膜は破壊され、最も外側が細胞膜（内膜）で形成されていると解釈していました。しかし、デイノコッカス・グランディスの巨大スフェロプラストを電子顕微鏡によって観察したところ、外膜は破壊されずに残っており（図5－5）、巨大な液胞と考えていた領域は、内膜と外膜の間であるペリプラズム空間であることが明らかになりました。研究者も人間である限り、先入観によって真実を見失うことがあります。光学顕微鏡観察から勝手な予測をしてしまい、その予測を疑うことさえしない状況になっていました。そのため、電子顕微鏡観察の結果は、真実を知るとともに実験や研究に対する謙虚さを持つ必要をあらためて認識させられました。微生物細胞を扱う限り、顕微鏡観察を真摯にとらえることは極めて重要なことであると思います。はっきりとした実験結果および観察データを持たない限り、本当にそれが明らかと言えるかどうか自らに問いながら、実験や研究を進める必要があります。

私たちは、バクテリアのプロトプラストやスフェロプラストを巨大化させて、それらの細胞形態を顕微鏡で観察しています。しかし、その姿は、教科書で見るバクテリアのものではなく、分裂せずに巨大化していくものです。当初、対象の生物種の巨大細胞と考えていたものが混入して

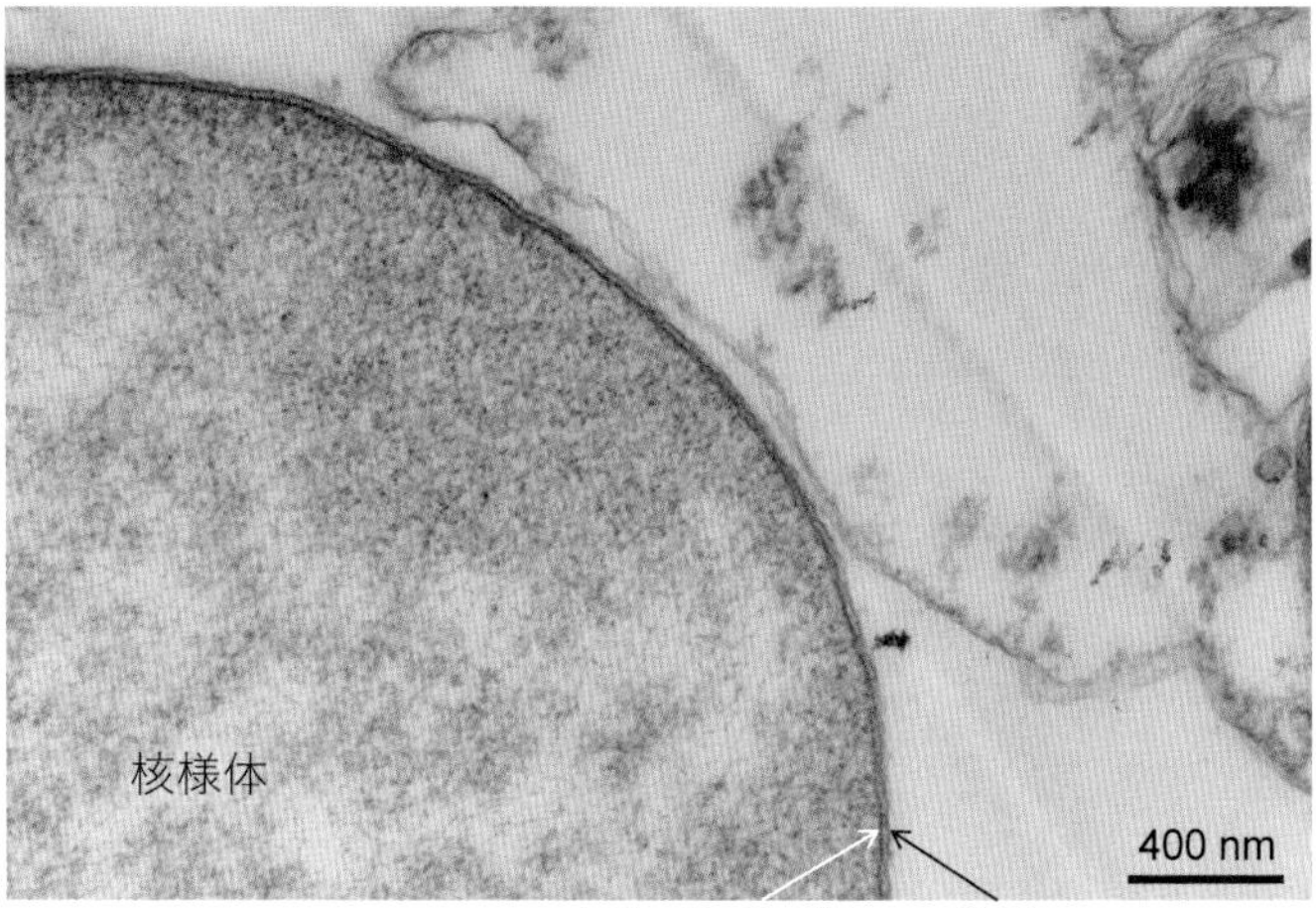

図 5–5　巨大バクテリア細胞の電子顕微鏡写真

グラム陰性バクテリアであるデイノコッカス・グランディスの巨大スフェロプラストの表層には外膜と内膜（細胞膜）が存在していることを電子顕微鏡観察によって確認しました。内膜内部（細胞質）には電子密度が低くなっている核様体が存在していることが確認できます。詳細は文献［12］に記載しています。

いた異なる種のバクテリアの巨大細胞であることがありました。この失敗から、研究対象のゲノムＤＮＡを特異的にＰＣＲ増幅してチェックしながらそれぞれの実験を実施しています。

顕微鏡による微生物細胞の観察では、多くの細胞を見ることができます。巨大細胞が観察されたということは、すべての細胞がそのようになったのか、それとも一部の細胞が巨大化したのかは顕微鏡観察によってはっきりとします。そのため細胞の巨大化実験では、顕微鏡観察された細胞のサイズを一つ一つ測定し、それらのサイズの分布を比較することを行っています。それによって、条件の異なる細胞における巨大化レベルを比較することができ、統計学的検定によってその有意差を調べることができます。

3　マイクロインジェクション可能なバクテリア細胞の創出

バクテリア細胞の巨大化は、本章第1節で述べた方法によって行うことができますが、その細胞へのＤＮＡやタンパク質のマイクロインジェクションには当初成功していませんでした。私たちがバクテリアの細胞巨大化をしている中で、最も大きなサイズ（当時）となった生物種は、腸内細菌科に属するグラム陰性のレリオッティア・アムニゲナです。この巨大細胞における細胞膜の状態がインジェクションニードルの挿入に対して弱いため、マイクロインジェクションの成功率が低い状況でした（図５－６）。このことは、細胞膜に接触させるだけのパッチクランプと細胞内にニードルを挿入しなければならないマイクロインジェクションの違いを示しています。当時、細胞膜の強度を上げる術を持っておらず、手探りの状態が続きました。

私たちの研究室では、さまざまな種のバクテリアを用いて実験を行っています。その中で、巨大化機構における重要な知見が得られたのは、放射線抵抗性のグラム陰性のデイノコッカス・グランディスを用いた実験からです。そのスフェロプラストの巨大化には、培地組成の比較検討に基づきカルシウムイオンあるいはマグネシウムイオンがインキュベーションのときに必要であることが分かりました。[12] それまでは、バクテリアのプロトプラストやスフェロプラストの巨大化には、最適な浸透圧が必要であり、その調整を行っていました。しかし、デイノコッカス・グラン

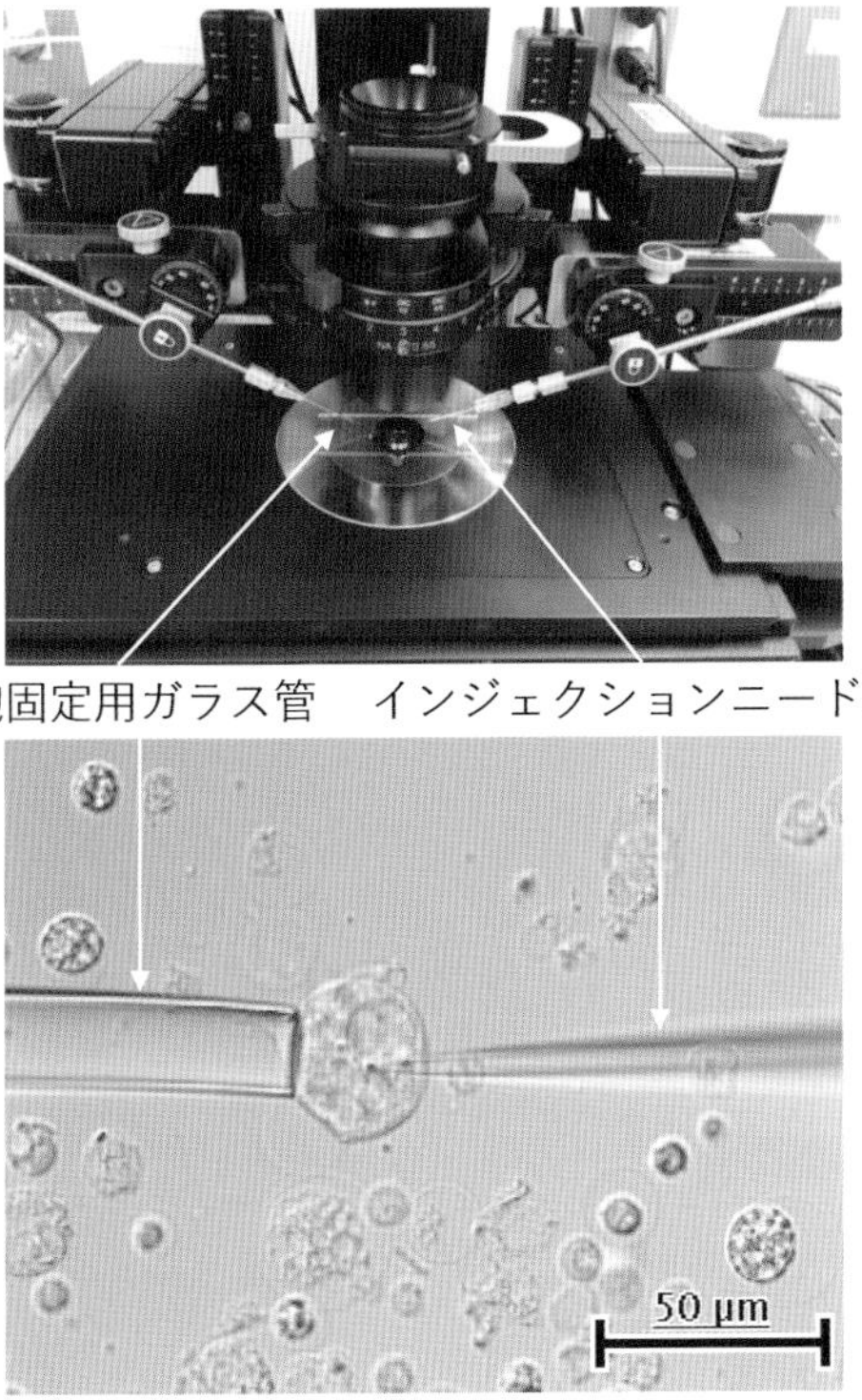

図 5–6　バクテリア細胞へのマイクロインジェクション
微分干渉顕微鏡で観察しながらマイクロマニピュレーター操作ができるようにした装置（上図）を使って、レリオッティア・アムニゲナの巨大スフェロプラストから外膜をとった細胞に対して細胞膜（内膜）へのマイクロインジェクション操作（下図）を示しています。

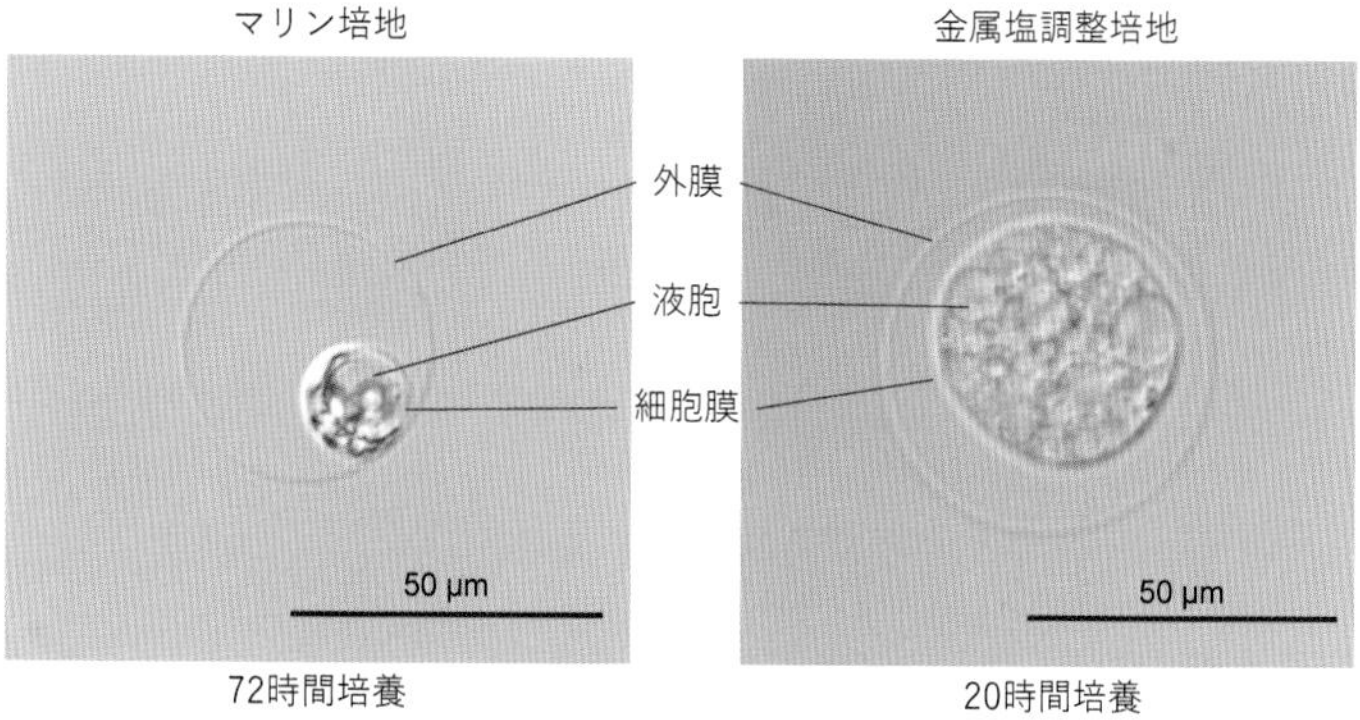

図 5-7　マリン培地と金属塩を調整した培地における巨大化の違い
グラム陰性のレリオッティア・アムニゲナの巨大化において従来使用しているマリン培地をもとにして調整した培地を作製し、それを使用した場合には、巨大化のスピードおよび細胞膜伸張が促進し、マイクロインジェクションに適した巨大細胞（右図）を作製することが可能となりました。詳細は文献［15］に記載しています。

ディスの通常の培養に使用される培地に塩化ナトリウムやショ糖によって浸透圧を調整しても巨大化せず、マリン培地を使用した際には、スフェロプラストの巨大化が観察されていましたので、不思議に思っていました。巨大化に影響する因子がマリン培地の成分にあると考え、それらの影響を一つ一つチェックすることによって、カルシウムイオンあるいはマグネシウムイオンが必要であることを発見しました[12]。この発見によって、マリン培地が細胞壁を欠くバクテリア細胞の巨大化に適している理由が明らかになりました。そこで、細胞巨大化のインキュベーション時におけるカルシウムやマグネシウムを含む金属塩組成を変えることによって、細胞膜の状態をコントロールす

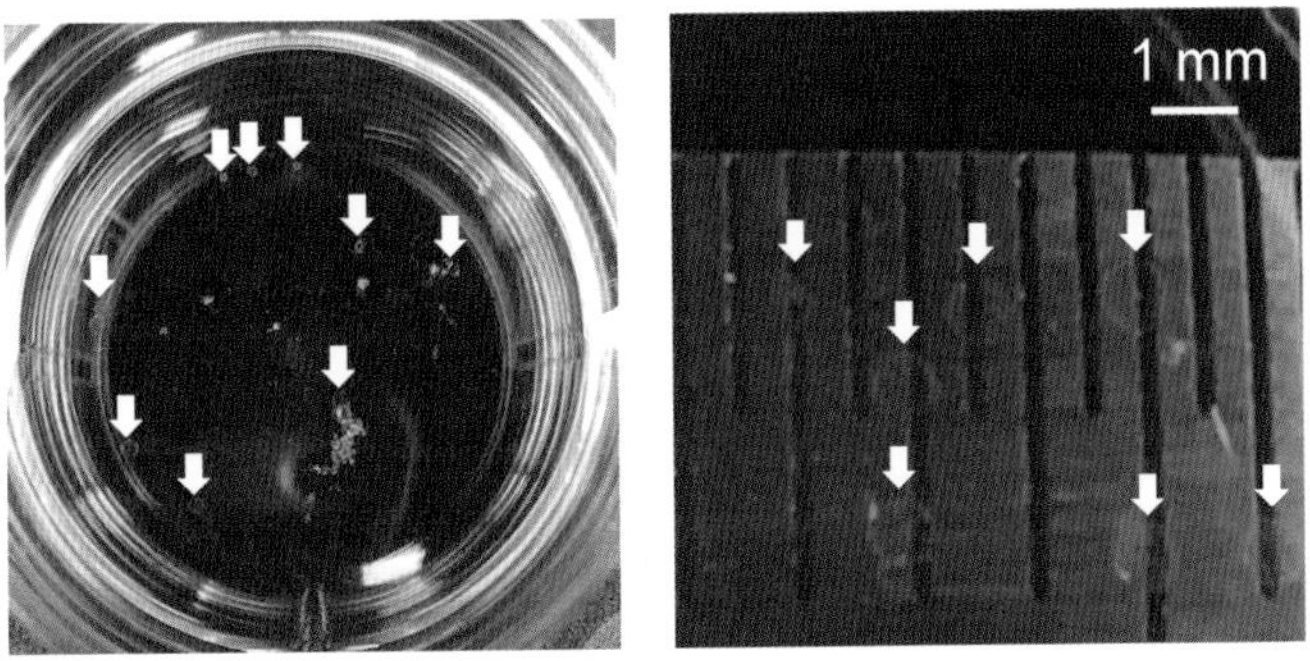

図5–8　肉眼で見えるまで巨大化したバクテリア細胞
グラム陰性バクテリアであるデイノコッカス・グランディスのスフェロプラストは、培地中にカルシウムイオンが存在している場合、外膜が融合することによって超巨大化します。インキュベーションしている状況の培養プレートにおいて超巨大化した細胞を観察し（左図）、そこにスケールを入れて撮影した写真（右図）を示します。詳細は文献［13］［14］に記載しています。

ることにチャレンジしました。その結果、レリオッティア・アムニゲナのスフェロプラストの巨大化における細胞膜の強度を上げることに成功し、その条件で巨大化した細胞に対してのマイクロインジェクションを効率よく行うことが可能となりました（図5－7）。

バクテリア細胞の巨大化機構の一端が分かったことにより、現在ではさまざまなバクテリアを効率よく巨大化することが可能となっています。このことは、機能未知のDNAを導入する宿主の多様化を可能にしています。ただ、巨大化の全貌はまだ分かっていません。例えば、デイノコッカス・グランディスにおいて、カルシウムイオンが存在している場合には、巨大細胞と巨大細胞が融合し、超巨大化することが分かりました。[13][14]その際、融合するのは外膜だけであり、内膜は融合しないことが分かりました。興味深いことには、この外膜融合はマグネシウムイオンでは生じません。この超巨大化は細胞サイズが１㎜を超えるまで進行し、顕微鏡を使わずとも肉眼で観察できるまで巨大化しました（図５－８）。この成果は北日本新聞で取り上げられ、２０１9年5月17日の社会面に「バクテリア巨大化成功　１０００倍まで培養」の見出しで掲載されました。現在、カルシウムイオンがバクテリア細胞の巨大化においてどのような働きをしているかを明らかにするための研究を行っています。バクテリアのプロトプラストやスフェロプラストの巨大化機構が分かれば、それを利活用して、バクテリア細胞を用いたバイオテクノロジーの発展に寄与することができると考えています。ゲノムＤＮＡをデザインしても、その機能が予想通りに細胞内において生じるかどうかについては分かりません。バイオテクノロジーの展開の一つには、そのようなことを実験で示す必要があります。バクテリア細胞の巨大化方法はこのようなことに確実に寄与できると考えています。

細胞巨大化実験から分かること

第2章で述べましたが、バクテリアの細胞は大きく二つのタイプに分けることができます。一つは細胞表層に外膜を持つタイプのグラム陰性型、もう一つは外膜を持たないグラム陽性型です（図5－2）。レリオッティア・アムニゲナやデイノコッカス・グランディスはグラム陰性タイプの細胞表層を持っています。そのため細胞質は外膜、ペリプラズム空間、内膜（細胞膜）の次に

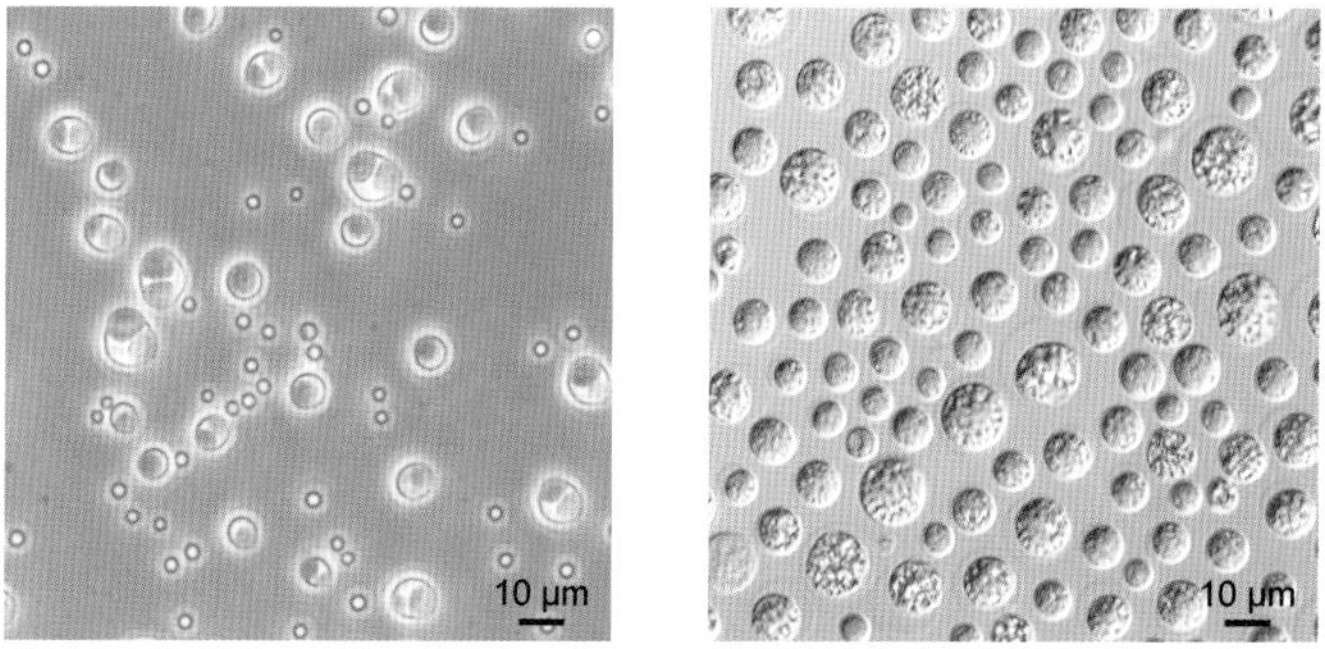

図 5-9　マイクロインジェクションに成功したバクテリアの巨大細胞
エンテロコッカス・フェカリスはグラム陽性、レリオッティア・アムニゲナはグラム陰性です。レリオッティアの場合には、外膜を除去した後にマイクロインジェクションしました。詳細は文献［15］に記載しています。

存在しており、細胞質へのマイクロインジェクションにはグラム陽性タイプよりも向いていません。本章第1節で述べたエンテロコッカス・フェカリスはグラム陽性タイプの表層を持っている乳酸菌の一種です。そのプロトプラストはマイクロインジェクションに適した細胞膜を持ち、異種タンパク質のマイクロインジェクションに成功しました。[15]私たちの知る限りにおいて、これが世界で初めてのバクテリア細胞へのマイクロインジェクションの報告です。エンテロコッカス・フェカリスの細胞表層は細胞膜だけなので、液胞を避けて巨大細胞の内部にニードルを突き刺すことによって、細胞質へのDNA、RNA、タンパク質などの物質を導入することが可能となりました。また、レリオッティア・アムニゲナの外膜を除去して、細胞質へのマイクロインジェクションにも成功しました。[15]これらマイクロインジェクションに成功したバクテリアの巨大化した細胞を図５－９に示します。

バクテリアは細胞壁をつくることによって形をつくり、細胞分裂を可能にしています。しかし、細胞骨格を担っているタンパク質は細胞膜および細胞質に存在しています。[16]例えば、桿菌の形を形成するために必須なタンパク質は細胞膜に埋め込まれています。デイノコッカス・グランディスは桿菌であり、大腸菌における桿菌形成にかかわるタンパク質と類似アミノ酸配列をコードしている遺伝子を持っています。[17]このタンパク質をコードしている遺伝子を欠失させたデイノコッカス・グランディスを作成したところ、その細胞は桿菌ではなく、球菌になりました。この結果より、デイノコッカス・グランディスも大腸菌の桿菌形成と同様な機構を持っていると考えられます。興味深いことには、この欠失株はカルシウムイオンの感受性が上昇して、スフェロプラストの巨大化レベルが野生株（欠失させていない株）よりも高まることが分かりました。[18]この実験結果は、細胞膜に埋め込まれている細胞骨格にかかわるタンパク質と細胞のカルシウム感受性および細胞膜や外膜の合成（スフェロプラストの巨大化）が関連を持っていることを示唆しています。前述したように欠失させた遺伝子産物の働きは細胞骨格を形成し、桿菌を維持することです。その存在場所は細胞膜（内膜）です。それにもかかわらず、カルシウム感受性および外膜伸張にかかわっていたことは、この遺伝子の機能についてまだ分かっていないこと、あるいは細胞骨格の形成と外膜合成が関連している仕組みについて分かっていないことがあることを示しています。

このような未知のことが、バクテリアのプロトプラストやスフェロプラストの巨大化実験から解明される可能性があります。

当初デイノコッカス・グランディスの巨大細胞の構造を見誤っており、外膜の伸張を細胞膜（内膜）の伸張と考えていました。しかし、電子顕微鏡によってそれは正されました。その後の実験結果は、その見誤りを修正したことをすべて支持するものでした。そのことは、デイノコッカス・グランディスがマイクロインジェクションの実験には使用することが極めて困難な細胞であることを示しています。デイノコッカス・グランディスのスフェロプラストの巨大化は、大半は外膜伸張によるものであり、内膜伸張は極端に小さく、それによって巨大細胞では巨大なペリプラズム空間が形成され、内膜で囲まれた細胞質はあまり巨大化しません。よって、細胞質へのマイクロインジェクションは極めて困難な細胞となっています。もちろん、ペリプラズム空間への物質の導入には最適な細胞かもしれません。

前述したように、レリオッティア・アムニゲナではインキュベーション時における金属塩組成を変えることによってペリプラズム空間が小さくなり、細胞膜（内膜）伸張と外膜伸張を同じペースで進行させることができました。それに対して、デイノコッカス・グランディスの場合には、インキュベーション時における金属塩組成を変えても内膜伸張の促進は見られず、巨大なペリプラズム空間を持っている細胞のみが観察されました。このことは、細胞膜（内膜）と外膜の伸張に関するシステムが異なるバクテリアがいることを意味しています。さらに詳細に観察すると、巨大細胞になるまで細胞膜が伸張する場合には、細胞質に液胞を形成していることが分かりました。細胞膜伸張と液胞形成に関連があることを強く示唆しています。このようにバクテリアの種によって異なるプロトプラストやスフェロプラストの巨大化システムを持っていることはとても重要なことであり、研究者の先入観を除外し、謙虚に実験に臨むことにつながっていると考えています。

カルシウムイオンのバクテリア細胞の巨大化へのかかわりを知り、その巨大化機構を利活用してマイクロインジェクションが可能な細胞をつくり出した経験より、あらためて生物現象を見逃さない目を持つこと、さらにその現象のメカニズムを知ることが基礎研究のみならず応用研究にも重要であることを認識しました。バクテリア細胞の巨大化と複製の関係についても、基礎研究において重要なポイントであるとともに、複製をコントロールすることによってバクテリアのプロトプラストやスフェロプラストの巨大化を制御する応用研究にも大きく貢献できると考えています。さらに、巨大化した細胞を分裂増殖できる元の細胞へ戻すこと（脱巨大化）が重要になり、その技術を確立する際においても重要な知見を得られるものと考えています。

基礎研究と応用研究への貢献

細胞が大きくなることと細胞が分裂することは異なっていますが、それらは細胞が生きている証しであり、その細胞内では複製、転写、翻訳のシステムが稼働し、そのシステムの中において細胞膜合成がコントロールされていることが分かります。このシステムが異なる生物種において共通性を持っていることから、さまざまなバクテリア細胞を同様の方法によって巨大化する術を持つことができたと考えています。この技術を適用することによって、培養されたすべてのバクテリアを巨大化の対象とすることが可能となり、異種クロモソームDNAやデザインされたゲノムDNAを導入する宿主細胞として使用できるようになります。私は、バクテリアの形質転換が大腸菌や枯草菌などの極めて限られたバクテリアで行われている状況では、多種多様に存在している細胞外DNAの機能解析への適用範囲は限られたものとなると考えています。私たちの開発した技術がそのことを打破するものと信じて、現在、実験、研究を行っているところです。

最近の成果を述べると、ノボビオシンというDNAの複製を阻害する化合物があります。本章第1節で述べましたが、エンテロコッカス・フェカリスのプロトプラストの巨大化は、この化合物を添加することによって阻害されます。[8] 興味深いことには、この化合物濃度を培地の希釈によって行うと、細胞の巨大化が再開します。[8] すなわち、ノボビオシンは細胞を殺さないことを示します。実際、ノボビオシンを処理したプロトプラストは処理していない場合よりもはるかに低いレベルですが少しずつ巨大化しています。よって、ノボビオシン存在下においても弱いながらも生命活動（セントラルドグマ）が生じていると考えています。このことによって、プロトプラストをノボビオシン存在下で低いレベルの生命活動状態にし、その状態でマイクロインジェクションなどの操作を行うことが可能となりました。このことはバクテリア細胞の活動を一時的に停止あるいは著しく低下させることができることを意味しており、この方法を使用してマイクロインジェクションの効率を高めることが期待できるだけではなく、いままで細胞分裂のたびにリセットされて、複製と細胞膜合成の関連を研究することが難しかったところを、スフェロプラストやプロトプラストの巨大化の実験系を使用することによって、これまでに分かっていなかった基礎的なことが解明できる可能性があります。金属イオンの組成を調整することによってマイクロインジェクションに適した細胞膜を形成させることができるようになりましたが、それぞれの金属イオンがどのような機能を持っているかなどの基礎的な知見はまだ分かっていません。また、複製阻害が細胞巨大化を抑制することが分かりましたが、その機構については分かっていません。このように、必ずしも基礎研究に基づいて応用研究が展開するわけではなく、応用研究から基礎研究へ展開することもあります。すなわち、バクテリア細胞の巨大化の実験系を用いることによって、応用研究と基礎研究の双方が展開できることを意味しています。

私はバクテリア細胞へ遺伝情報であるＤＮＡをマイクロインジェクションすることを目的として、バクテリア細胞を巨大化してきました。しかしその過程において、細胞膜の合成（細胞の巨大化）についての新しい知見を次々と得つつあります。その上で、マイクロインジェクションのような技術や応用研究を展開するためには、基礎的な研究がとても重要であることを再認識すると同時に応用研究から基礎研究が展開することをはっきりと意識することができます。これは私が学生時代に受けた教育そのものです。正しい研究や教育への取り組みは時代が変わっても常に正しいものであると思います。私たち大学の教員は、そのような意識で大学教育に臨み、人材の育成にかかわる必要があると考えます。

引用文献

[1] Lederberg J（1956）Bacterial protoplasts induced by penicillin. Proceedings of the National Academy of Science of the United States of America 42, 574–577

[2] Ranjit DK, Young KD（2013）The Rcs stress response and accessory envelope proteins are required for *de novo* generation of cell shape in *Escherichia coli*. Journal of Bacteriology 195, 2452–2462

[3] Kusaka I（1967）Growth and division of protoplasts of *Bacillus megaterium* and inhibition of division by penicillin. Journal of Bacteriology 94, 884–888

[4] Kuroda T, *et al.*（1998）Patch clamp studies on ion pumps of the cytoplasmic membrane of *Escherichia coli*. Journal of Biological Chemistry 272, 16897–16904

[5] Nakamura K, *et al.*（2011）Patch clamp analysis of the respiratory chain in *Bacillus subtilis*. Biochimica et Biophysica Acta 1808, 1103–1107

[6] Martinac B, *et al.*（2013）Patch clamp electrophysiology for the study of bacterial ion channels in giant spheroplasts of *E. coli*. Methods in Molecular Biology 966, 367–380

[7] Takahashi S, Nishida H（2015）Quantitative analysis of chromosomal and plasmid DNA during the growth of spheroplasts of *Escherichia coli*. Journal of General and Applied Microbiology 61, 262–265

[8] Kami S, *et al.*（2019）DNA replication and cell enlargement of *Enterococcus faecalis* protoplasts. AIMS Microbiology 5, 347–357

[9] Takahashi S, *et al.*（2016）Comparison of transcriptomes of enlarged spheroplasts of *Erythrobacter litoralis* and *Lelliottia amnigena*. AIMS Microbiology 2, 152–189

[10] Takahashi S, Nishida H（2017）Comparison of gene expression among normally divided cells, elongated cells, spheroplasts at the beginning of growth, and enlarged spheroplasts at 43 h of growth in *Lelliottia amnigena*. Gene Reports 7, 87–90

[11] Schulz HN, *et al.*（1999）Dense populations of a giant sulfur bacterium in Namibian shelf sediments. Science

284, 493–495

[12] Nishino K, *et al.* (2018) Enlargement of *Deinococcus grandis* spheroplasts requires Mg^{2+} or Ca^{2+}. Microbiology 164, 1361–1371

[13] Nishino K, Nishida H (2019) Calcium ion induces outer membrane fusion of *Deinococcus grandis* spheroplasts to generate giant spheroplasts with multiple cytoplasms. FEMS Microbiology Letters 366, fny282

[14] Nishino K, *et al.* (2019) Sugar enhances outer membrane fusion in *Deinococcus grandis* spheroplasts to generate calcium ion-dependent extra-huge cells. FEMS Microbiology Letters 366, fnz087

[15] Takahashi S, *et al.* (2020) Species-dependent protoplast enlargement involves different types of vacuole generation in bacteria. Scientific Reports 10, 8832

[16] 塩見大輔（２０１４）細菌形態形成制御機構に関する研究、日本細菌学雑誌69、５５７–５６４

[17] Morita Y, Nishida H (2018) The common ancestor of *Deinococcus* species was rod-shaped. Open Bioinformatics Journal 11, 252–258

[18] Morita Y, *et al.* (2019) Sensitivity of *Deinococcus grandis rodZ* deletion mutant to calcium ions results in enhanced spheroplast size. AIMS Microbiology 5, 176–185

第6章

研究展望

第3章第3節で述べたように、2014年度から3年間にわたり、キヤノン財団「理想の追求」研究助成プログラムにおいて「海洋を漂うプラスミドDNAが生物進化に与える影響」の研究を実施しました。当時、この研究において、網羅的にDNAシークエンスするときに使った大量並列型DNAシーケンサーは、600塩基配列を数千万リード数できるものでした。1回の解析でシークエンスした総塩基数はそれなりに多いのですが、それらをつなぎ合わせる（アセンブリ）ときには、一つ一つのリードのシークエンス長が600塩基では短いため、各々のシークエンスを精度高くつなぐことができず、完全長のプラスミドやバクテリアのクロモソームを示すことは極めて困難です。その後、1リードの長さが数十キロ塩基をシークエンスできるDNAシーケンサーが登場しています（第4章第1節）。私たちの研究室でも、そのDNAシーケンサーを用いた解析を始めていますが、富山湾の細胞外DNAのプロジェクトで得られた600塩基のシークエンス断片のデータを更新することはできません。もちろん、再度サンプルを取り直して、最初から実験することはできますが、その当時のサンプルからのシークエンスデータを更新することはできません。このように、技術の発展によって、従来ではできなかったことが簡単にできるようになります。例えば、1リード長が数十キロ塩基に達したシークエンスデータを用いる場合には、ほぼすべてのプラスミドは完全長として検出できると考えられます。一つ一つのシークエンスのサイズの問題は、バイオインフォマティクスを駆使しても解決できず、コンピュータの処理能力を上げても解決できません。

さて、富山湾の細胞外DNAのプロジェクトについてですが、プラスミドの定義にもよりますが、環状であり、クロモソームDNAよりも短いDNAだけを研究対象とするよりも、大量に存在している機能未知のDNAに対する効率的かつ網羅的な実験、研究が重要であると認識しました。そこで、機能未知DNAを細胞に導入する実験系の構築に取り組みました。ここで補足すると、機能未知の多種多様なDNAをある細胞へ導入した場合、おそらくごく一部しか遺伝情報として認識されないと考えられます。それどころか、導入したDNAすべてが分解される可能性もあります。すなわち、さまざまな種類（由来）の細胞外DNAをまとめて特定の細胞へ導入した際、その中で遺伝情報として発現できるものは限られ、細胞の種類を変えると、発現する遺伝情報も違ってくると予測できます。よって、導入するDNAが複合的であり多様性に富むものである限り、宿主細胞の多様性を持っている実験系が必要となります。それぞれの宿主細胞によって、そこに存在できるDNAが限定されると考えられるからです。

細胞工学・ゲノム工学への貢献

バクテリア細胞を巨大化することをはじめ、現在ではようやく、巨大化させたバクテリア細胞へのDNAのマイクロインジェクションが可能な状況になりました（第5章）。しかし、まだ克服すべき課題も多く残されており、少しずつ着実に研究を前進させているところです。バクテリアの細胞を巨大化して、その細胞へ長鎖DNAを導入することが一般的にできるようになった場合には、これまで微生物における分子生物学を牽引してきたプラスミドによる遺伝子工学実験に対して、バクテリアのクロモソームＤＮＡをプラスミドのように取り扱うゲノム工学実験が可能になると考えられます。この技術は、これまでゲノム科学の領域では机上の研究が多かったバイオインフォマティクスに基づいてデザインされたゲノムＤＮＡの機能解析などに利活用することができ、細胞工学およびゲノム工学分野において大きな貢献をすることになると信じています。第1章にも述べたように、地球において、特定の機能を持つ微生物をスクリーニング（探索）する時代から、機能を書き込んだＤＮＡを導入した微生物を創生する時代への変換ができればおもしろいと考えています。ＤＮＡシーケンサーの発展が、ゲノムサイエンスを大きく前進させ、バイオインフォマティクスの発展を牽引させたような貢献をバクテリア細胞の巨大化技術の確立によってできるように努力します。

この技術を用いて可能となることの一つして、絶滅した生物の遺伝情報を再現することが挙げられます。宿主細胞において導入したＤＮＡが機能するためには、生物系統進化上近縁であるＤＮＡを導入することが必要であるのかもしれません。逆の見方をすると、導入するＤＮＡが生物の系統進化上遠く離れた生物種のものであれば、宿主細胞はそのＤＮＡを遺伝情報として読み取ることができず、単なる化合物として細胞に存在することになり、多くの場合には異物として認識されて分解され、導入したＤＮＡからの発現はできないと考えられます。分かりやすい例としては、永久凍土から見つかったマンモスの細胞核（あるいはＤＮＡ）を現存する象の細胞に移植して、マンモスを復活させるプロジェクトがあります。マンモスの核を移植する細胞が象であることは、マンモスと象が系統進化的に近縁であるからです。そのため、マンモスの遺伝情報を象の細胞が読み取ることができると期待されています。もし、系統進化上遠縁の生物を使った場合、マンモスの遺伝情報の発現がうまくいかないと考えられています。このことを応用すると、ゲノムシグネチャーなどで近縁のバクテリアが分かった場合に、化石などに存在している絶滅したバクテリアのゲノム情報の一部を近縁バクテリアの細胞に導入することによって、古代のタンパク質を発現させることが可能となります。

しかし、大腸菌の細胞を潰し、その内容物を濃縮した溶液に、系統進化的に遠縁のバクテリアの種のクロモソームＤＮＡを入れたところ、そのＤＮＡから正しく遺伝子が発現したことが報告されました。[1] この結果は、宿主細胞に導入されたＤＮＡが宿主系統進化上近縁な生物由来である場合にその導入ＤＮＡが機能しやすいと考えられることと矛盾しているように見えます。この矛盾を説明するためには、細胞内と細胞外では異なるシステムが働いていると考えるしかありません。細胞内では、その細胞のアイデンティティを維持する機構があり、そのため導入ＤＮＡからの遺伝子発現が抑制されていると考えられます。細胞の内と外を細胞膜が区別することによって、このアイデンティティを維持する機構が働くと考えると、細胞膜には私たちがまだ分かっていない機能がある可能性があります。いずれにせよ、細胞が生きていくためには、細胞内で生じるさまざまな機能が細胞分裂（次世代への継承）につながる必要があります。このことが生命、生物の最小単位が細胞であることの意味です。

〝研究する〟とは

読者のみなさんは、長鎖ＤＮＡを導入できるシステムを構築したのであれば、すぐに機能未知の富山湾からとれた細胞外ＤＮＡをバクテリア細胞にマイクロインジェクションすればと思われるかもしれません。しかし、このバクテリア細胞への長鎖ＤＮＡの導入システムが私たちの期待に応えるものであるかのチェックをしないで、本番の研究を行うことはリスクが高いと考えています（リスクとは実験結果を正しく評価できないことを意味しています）。第５章で述べたデイノコッカス・グランディスのスフェロプラストの巨大化は内膜ではなく外膜伸張によって生じていることなど、その事実に気づかない場合には大きなミスをおかしてしまうという研究の落とし穴はどこにでもあります。巨大細胞がマイクロインジェクションに適しているかどうか調べる際にチェックすべきことは、導入したＤＮＡは細胞内において維持されているかどうか、維持されている場合には複製するかどうか、転写や翻訳をしている場合には、それらをどのように確認するかというようなものです。これまでに述べてきたことですが、どのバクテリアの細胞をマイクロインジェクションの対象として選ぶかということを調べる必要があります。また、とても細かい話になってしまいますが、マイクロインジェクションする際にＤＮＡやタンパク質をどのような溶液に溶かせばよいかという問題もあります。その際、一時的に細胞内の活動を停止させるべきかどうか。さまざまな問題を一つ一つ解決して、実験系を構築しなければなりません。教科書に書かれている代表的な研究成果なども多くの検討を経て達成されたものであるはずです。研究者は達成目標に近づいた場合、より慎重に実験や研究を進めるのかもしれません。おそらく、本書を読まれた皆さんは、バクテリア細胞へのマイクロインジェクションの成果や展開を気にされると思います。私はそれに応えられるように実験、研究を進展させようと思います。

サイズの大きなDNAをバクテリアの細胞に導入する方法は、巨大細胞へのマイクロインジェクション以外にも、つい最近、機能性ペプチドを使用したものなどが報告されました。[2]クロモソームのようなサイズの大きなDNAを導入する技術はこれからもさまざまに発表、報告される可能性があります。その背景には、時代がその技術を必要としているからだと考えています。私たちもバクテリア細胞を巨大化させて、その細胞へマイクロインジェクションを行う目標をたてて、それができるまで5年程度の時間がかかりました（もちろん、実験や研究は多様となって、さまざまな研究成果をその間に得ることができました）。

本書で述べた新しいタイプのDNAシーケンサーの開発やPCRの確立などは、次世代を予測した研究の展開によるものです。確かに大学は教育機関ですが、そこは未来を担う学生や院生が次世代を読み取ろうとがんばっている場でもあります。サイエンスの分野は、常に新しい発想、若いエネルギーが必要であると私は考えていますので、大学ではさまざまな研究の芽が存在している必要があると思います。最終的に私たちの技術が日の目を見ない場合もあるかもしれません。

しかし今、そのことについて実験、研究をしている場において、そのようなことを思う必要は全くなく、その芽を大きく成長させることだけに集中すべきだと考えています。私は、特定の研究に特化し、明確なゴールが設定されているプロジェクト型研究は大学には馴染まないものであると思います。

細胞外ＤＮＡの利活用によってできること

本書は専門家ではない読者を対象として書きましたので、さまざまな背景を書き入れたつもりです。また、私の考えについても述べてきました。遺伝学が、遺伝情報であるＤＮＡの受け渡し（継承）の学問ですが、これまでにそこで考慮されているのは、細胞内のＤＮＡであることを述べました。しかし、本書だけではなく、多くの研究より多種多様なＤＮＡが細胞外の環境に存在していることが示されつつあります。生物進化の原動力は、ＤＮＡの細胞から細胞への継承とともに、細胞外から細胞内へ導入されるＤＮＡにもあると考え、そのことを明らかにすることは生物学の発展に大きく寄与することは明らかです。私は細胞を生命の最小単位と考えていますが、第2章で示したドーキンスのように遺伝子を中心とした生物の見方があることはとても刺激的だと思います。遺伝子を中心として考えると、遺伝子はその存在場所を細胞内および細胞外と変えながら、生物進化を生きながらえてきたと考えられます。その場合には、なおさら細胞外の重要性が高まると思います。

本書では、細胞外DNAや環境DNAについて網羅的に整理してまとめることはできませんでした。これは本書だけではなく、最近発表された英語での総説[3][4]を見ても、私は断片的な印象を受けます（第2章で引用していますが、私は1994年に発表された総説（第2章文献[26]）を超えるものはまだ書かれていないと思っています）。また、本書で述べた内容は海における細胞外DNAへの比重が大きくなった感があります。もちろん、細胞外DNAは土壌にも存在していきます。放射性炭素による年代測定によって、土壌に含まれていた細胞外DNAの年代が測定された結果、調べられたサンプルの中で最も古いDNAで90万年前のものと推定されています[5]。なお、海泥における細胞外DNAについては多種多様なものが存在していることが示されていますが[6]、私の知る限りにおいて、それらの年代測定の報告はありません。大気中にも細胞外DNAが存在している可能性は高いと思っています。ただ、地球における水の循環を考えるとき、河川を通して多くの細胞外DNAや細胞そのものが海に流れ着きます。また、生命の誕生は海で生じたとも考えられており、私は海を中心とした生命観を持っています。細胞外DNAがこれからの次世代を担う研究分野であり、さまざまなアプローチによって研究していく必要があります。そのことを本書では伝えたつもりです。今のところ、細胞外DNAや環境中に存在しているDNAに関して総括することはだれもできていないと思います。もちろん、第2章で述べたバイオフィルム形成における細胞外DNAの役割など限られた研究におけるものは多々存在しています。また、本書では言及しませんでしたが、バクテリアがつくる膜小胞と特定のDNAの水平伝播が関連しているかもしれません。[7]〜[9] 細胞外ＤＮＡの研究はまだまだ分かっていないことがたくさんあるという現状を読者（特に次世代を担う若い研究者）に知ってもらい、少しでも細胞外、環境に漂っているＤＮＡに関心を向けてもらうきっかけに本書がなれば、これ以上にうれしいことはありません。

もし、環境中に存在している細胞外ＤＮＡをすべて分解した場合には何が起こるでしょうか？　生物は細胞から細胞へ遺伝情報を継承するので、細胞外のＤＮＡがなくなっても特に問題ないと思われるでしょうか？　本書では、地球における遺伝システムにおいて細胞外ＤＮＡは機能している（であろう）ということを強く述べてきました。すなわち、細胞外ＤＮＡがすべて分解された場合、生物の進化は大きく停滞すると考えられます。おそらく生物の多様度が低下し、急速に多くの生物群が絶滅していくと考えられます。逆の見方をすると、細胞外ＤＮＡをうまく利活用することによって進化をコントロールできる可能性を示しています。このようなことが細胞外ＤＮＡの研究によって明らかになると私は信じています。

引用文献

[1] Fujiwara K, *et al.* (2017) *In vitro* transcription–translation using bacterial genome as a template to reconstitute intracellular profile. Nucleic Acids Research 45, 11449–11458

[2] Islam MM, *et al.* (2019) Cell–penetrating peptide–mediated transformation of large plasmid DNA into *Escherichia coli*. ACS Synthetic Biology 8, 1215–1218

[3] Nagler M, *et al.* (2018) Extracellular DNA in natural environments: features, relevance and applications. Applied Microbiology and Biotechnology 102, 6343–6356

[4] Ruppert KM, *et al.* (2019) Past, present, and future perspectives of environmental DNA (eDNA) metabarcoding: A systematic review in methods, monitoring, and applications of global eDNA. Global Ecology and Conservation 17, e00547

[5] Agnelli A, *et al.* (2007) Purification and isotopic signatures (δ^{13}C, δ^{15}N, Δ^{14}C) of soil extracellular DNA. Biology and Fertility of Soils 44, 353–361

[6] Torti A, *et al.* (2015) Origin, dynamics, and implications of extracellular DNA pools in marine sediments. Marine Genomics 24, 185–196

[7] 渡部邦彦（２０１６）細菌が放出する膜小胞（Membrane Vesicle）の機能と生合成機構そして応用に向けた研究動向、化学と生物54、７２０-７２５

[8] 豊福雅典ら（２０１５）バクテリアが生産する膜小胞、メンブランベシクル、環境バイオテクノロジー学会誌14、１０７-１１１

[9] Chiura HX (2019) Overlooked broad–host–range vector particles in the environment. “DNA traffic in the environment” Nishida H, Oshima T (eds.), Springer, pp. 135–195

あとがき

最後になりましたが、「理想の追求」研究助成をいただき、さらに本書の執筆の機会をいただきましたキヤノン財団、キヤノン財団「理想の追求」研究助成プログラムにおける「海洋を漂うプラスミドDNAが生物進化に与える影響」の研究プロジェクトのメンバーであった野尻秀昭さん、高橋裕里香さん、畠俊郎さんに深く感謝いたします。また、第3章および第5章における実験結果および研究成果は富山県立大学工学部・大学院工学系研究科の応用生物情報学講座に属する学生と院生の皆さんによって得られました。ここに深く感謝いたします。本書を執筆するにあたり、キヤノン財団の森岡浩美さん、小野武夫さん、松井速記の松井千鶴子さんには、貴重なアドバイスをいただくとともに、多大なサポートをいただきました、厚くお礼申し上げます。

2020年8月

西田洋巳

補足説明

本書で使用している用語については、高校の生物の教科書などを参考にしています。ただ、耳慣れない用語も使用していますが、日本語として素直に解釈していただきたいと考えています。例えば、細胞外ＤＮＡは文字通り細胞の外に存在しているＤＮＡを示し、外来性ＤＮＡは細胞内に存在している外来から入ってきたＤＮＡを示します。プラスミドやウイルスのＤＮＡは細胞外に存在している場合には細胞外ＤＮＡですが、細胞内に侵入した場合には外来性ＤＮＡとなります。バクテリアのクロモソームのようなサイズの大きなＤＮＡは細胞に侵入したり、導入させたりすることができませんが（そのため、私たちはマイクロインジェクションによる導入方法を確立しました）、プラスミドやウイルスの場合には、適合する細胞への侵入ができます。ＤＮＡは遺伝情報をコードしており、その情報はＤＮＡシークエンスという形で刻み込まれています。生命、生物の情報を塩基配列としてコードしているＤＮＡは神秘的に見えるかもしれませんが、ＤＮＡは単なる高分子化合物として試験管内（必ずしも試験管を使う必要はなく、多くの場合、細胞外、実験室でという意味です）で合成できます。ＤＮＡが細胞内で合成される仕組みは、ＤＮＡの2重らせん構造がほどけて、それぞれの鎖に対して相補的な核酸塩基を持つポリヌクレオチド鎖を合成する必要があります。この仕組みの主役は、ＤＮＡポリメラーゼ（ＤＮＡ合成酵素）です。この酵素は、4種類のヌクレオチドからなるポリマーをつくる働きがあります。酵素とはタンパク質ですが、異なる酵素は生体内や細胞内における異なる反応の触媒機能があり、生命活動において重要な働きをしています。タンパク質もアミノ酸が酸アミド結合でつながったポリマーであり、高分子化合物です。このDNA合成酵素を試験管内で働かせることによって、同じシークエンスを持ったDNAを試験管内でつくり出すことができます。試験管内で合成されたDNAは化合物であり、そのままでは遺伝情報として機能しているとは言えません。すなわち、単なる高分子化合物と遺伝情報を持っている遺伝因子の違いは、DNAが細胞外に存在しているか細胞内に存在しているかで決まります。

第2章で述べましたが、バクテリアの一種であるマイコプラズマの細胞から遺伝情報であるDNAを取り除いたところに、化学的に合成したDNAを導入し、宿主細胞とは異なるゲノムDNAを保持したマイコプラズマ細胞がつくられ、それが細胞分裂して増殖したことが発表されました（第2章文献[35]）。この実験で重要なことは、化合物として合成したDNA分子が、細胞内に導入することによって、細胞分裂などさまざまな生命現象を誘導し、遺伝情報として機能したことです。宿主となったマイコプラズマの細胞は、化学合成されて導入されたDNAの遺伝情報発現の場となり、本来の宿主細胞とは異なる細胞が誕生したことになります。この新しく誕生した細胞は、導入したDNAが支配する細胞と考えてよいでしょうか？　導入した直後は、細胞膜や細胞質の構成要素は宿主細胞のものですが、遺伝情報である導入DNAが複製し、細胞分裂を繰り返すことによって、もともとの宿主の構成要素は薄くなり、徐々に導入ＤＮＡからの発現産物に置き換わっていきます。このような場合、どの時点で新しい細胞の誕生と呼べばよいでしょうか？　この研究成果はあらためて生命とは何かを問いかけるとともに、デザインしたゲノムＤＮＡの導入によって細胞を創生できる可能性を示しています。

生命の誕生は約40億年前であると考えられていますが、それ以前に環境中においてＤＮＡがつくられたと考えられます。その時点の地球環境は、現在の環境とは大きく異なっており、さまざまな偶然の反応が組み合わさりＤＮＡが誕生したと考えられます。そのときのＤＮＡの構造は、現在のＤＮＡの構造と同一であったかどうかは確かめようがないことなので、ＤＮＡ様構造体という表現の方がよいかもしれません。その後、生命（生物）が初めて誕生したとき、ＤＮＡが細胞様構造体に封入されたと考えられます。しかし、現在の地球環境中（細胞外）においてＤＮＡが合成されている様子は観察されていません。もちろん、ＤＮＡがつくられた時と同様の環境にある場所ではつくられている可能性はありますがそのような環境が存在しているかどうか不明です。おそらく、現在の地球環境中に存在しているほぼすべてのＤＮＡは、生物の細胞内で合成されたものであり、細胞の死滅などによって放出されたものと考えられます。生命が誕生する以前の太古のＤＮＡが今なお環境中に存在していると考えることにはロマンがあるように感じますが、私が知る限りにおいて、そのようなＤＮＡの報告はありません。

細胞は、生命、生物の最小単位です。細胞外では情報は発現せず、細胞内では発現するということは、細胞にはＤＮＡから遺伝情報を発現させるための物質や機構が存在していることを意味しています。その一つがタンパク質です。前述したＤＮＡ合成酵素もタンパク質です。タンパク質の設計図はＤＮＡにコードされており、それが発現してタンパク質になります。卵が先か鶏が先かに似ている状況ですが、現存する細胞には最初からＤＮＡもタンパク質も存在しており、それらは細胞分裂の際に分配されています。

バクテリアの1細胞内において存在するタンパク質の種類の数は、タンパク質をコードしている遺伝子の種類の数と同じと考えられ、数千種類と考えられます。これらのタンパク質の中にはＤＮＡに結合して機能するものがあり、例えば転写因子と呼ばれるタンパク質は、遺伝子の発現のオン・オフを調節していますが、このようなタンパク質がＤＮＡの特定の領域に結合しなければ、そこにコードされている遺伝情報は発現できません。すなわち、細胞分裂において、遺伝情報の本体であるＤＮＡ以外にも、遺伝情報を発現させるためのタンパク質も継承される必要があることを意味しています。もちろん、違った生物種によって、持っているタンパク質の種類や構成が異なっています。また、機能が同じタンパク質であっても、生物種が異なれば、その構造が違っていることが一般的です。ただ、その場合でも、そのタンパク質の機能にとって重要な部分の構造は保存されています。一般に、ＤＮＡの塩基配列が違うということは、そこから発現するタンパク質も違っていることを意味しています。先に、マイコプラズマにおける化学合成したＤＮＡが異なる遺伝情報を持っていたマイコプラズマ細胞で発現したことが世界中で衝撃的に報道されたと述べましたが、化学合成したＤＮＡの塩基配列は、宿主細胞のマイコプラズマの種と極めて近縁なマイコプラズマの種のゲノムＤＮＡシークエンスをもとにして合成されています。私が知る限りにおいて、テンプレートなしで完全オリジナルなゲノムＤＮＡをデザインした報告はありません。すなわち、細胞分裂によって継承される多くのタンパク質が、導入されたＤＮＡを遺伝情報として認識できる場合においてのみ機能していると考えられます。ただ、その場合においても、遺伝情報としてのＤＮＡは宿主のものから導入したものに完全に変わっていますので、細胞内で機能しているタンパク質は徐々に宿主細胞由来の残存物から導入ＤＮＡからの発現産物に移行していきます。

分子生物学は、細胞内において、遺伝情報の本体であるＤＮＡからどのような仕組みでＲＮＡが転写され、そのＲＮＡがどのような仕組みでタンパク質に翻訳されるかを解明する学問です。分子生物学がいまも活発に発展している背景は、遺伝情報の発現と機能についてまだ分かっていないことがあるということです。

遺伝とは、ＤＮＡの継承のことを意味しており、ヒトなど多くの動物では、父方と母方の遺伝情報が子に伝えられます。その際、1細胞である受精卵が誕生します。受精卵には父方と母方の遺伝情報が存在しており、その細胞が細胞分裂を繰り返して行い、ヒトでは約60兆個の細胞から成り立つ個体となります。基本的には、すべての細胞は同じ遺伝情報を持っています。同じ遺伝情報を細胞が持っているにもかかわらず、腎臓や肝臓など、それぞれの器官、組織として異なる機能を持っています。これは、組織や器官に特異的な遺伝情報（遺伝子）が発現していることによります。すなわち、異なる組織や器官を構成している細胞では、DNAから転写されているmRNAが違っており、その結果、細胞内に存在しているタンパク質の構成・組成が違っていることを意味しています。

ヒトのような多細胞生物においては、それぞれの組織や器官を再生するシステムが存在し、幹細胞と呼ばれる細胞によって新しい細胞がつくられて、多細胞生物を維持しています。他方、バクテリアなどの微生物の多くは単細胞で生活しています。また、真核生物である酵母なども出芽で増殖していますが、大半の生活環を単細胞で送っています。多くの微生物は細胞そのものが環境に接しています。細胞は、細胞膜で内外を区別しています。この細胞膜の主成分であるリン脂質は、親水性の部分と疎水性の部分から成り立っています。疎水性の部分が向き合う形となって、脂質2重膜を形成します。よって、細胞膜は親水性の部分を外側にし、2重膜の内部は疎水性となっています。一般的には細胞膜を自由拡散で、物質が移動できません。また、細胞膜では、脂質2重膜にタンパク質が挿入されています。このタンパク質も細胞内においてDNAにコードされた遺伝情報が発現してつくられて、細胞膜に運ばれ、埋め込まれます。これらの膜タンパク質の多くは、細胞膜の内外におけるさまざまな物質輸送に関与し、細胞内の恒常性の維持にかかわっています。細胞内においてセントラルドグマが働くためには、細胞の内外を細胞膜によって分けることが重要となります。

重要なことなので繰り返し述べます。細胞膜で内外を区別することは細胞が生きていくために重要なことであり、細胞を維持することは細胞のアイデンティティを保つことです。そのため細胞が分裂し、1細胞が2細胞になる際、遺伝情報の本体であるDNAを複製し、それぞれの細胞へ分配し、さらに細胞質（細胞内）に存在しているタンパク質やRNAもまた分配される必要があります。また、内外を区別している細胞膜も過不足なく2倍になり、分けられなければなりません。これらの連携がうまくいかない場合には正しい細胞分裂ができず、細胞は生き抜くことができません。細胞を中心にして生物を把握することとは、そのような視点で生物を見ることになります。さらに、本書の中心課題である細胞外DNAについてもそれがつくられる場は細胞です。また、培養中に細胞外にDNAを放出するバクテリアの報告もありますが、環境中ではどのようになっているか不明なことがありますので、本書ではそのことについては取り上げません。ここでは多種多様なDNAが細胞外や環境中に存在している意義に焦点をあわせています。

た 行

な 行

は 行

ま 行

ら 行

索　引

欧数字

あ　行

か　行

さ　行

著者略歴

西田 洋巳（にしだ・ひろみ）

1990年東京大学農学部農芸化学科卒業／1995年東京大学大学院農学生命科学研究科博士課程修了／1994年日本学術振興会特別研究員／1996年理化学研究所基礎科学特別研究員／1997年東京大学分子細胞生物学研究所助手／2003年理化学研究所研究員／2005年東京大学大学院農学生命科学研究科特任准教授／2013年富山県立大学工学部教授，現在に至る

キヤノン財団ライブラリー

生物進化と細胞外DNA

——微生物創生への挑戦

二〇二〇年一一月三〇日　発行

著作者　西田洋巳　©2020

出版協力　一般財団法人 キヤノン財団

発行所　丸善プラネット株式会社
〒一〇一-〇〇五一
東京都千代田区神田神保町二-一七
電話（〇三）三五一二-八五一六
http://planet.maruzen.co.jp/

発売所　丸善出版株式会社
〒一〇一-〇〇五一
東京都千代田区神田神保町二-一七
電話（〇三）三五一二-三二五六
https://www.maruzen-publishing.co.jp

組版　株式会社 明昌堂
印刷・製本　富士美術印刷株式会社
ISBN 978-4-86345-469-9 C0345

一般財団法人 キヤノン財団

キヤノンは、「国産の高級カメラをつくろう」という大きな志を抱いた若者により１９３７年に企業としての歩みを始めました。その進取の気性の精神は今日まで受け継がれ、技術で人類の幸福に貢献し続ける企業を目指して発展してまいりました。

キヤノンはこれまでも、人々の生活を豊かにする製品やサービスを提供するとともに、さまざまな分野で社会・文化支援活動を展開してまいりました。この度、これらの活動に加えて、より一層社会に対し恩返しをしたいという強い気持ちから、創業70周年を記念し、キヤノン財団を設立することといたしました。

現在、情報通信を始めとする技術革新により、急速な経済のグローバル化、情報のネットワーク化が実現され、我々の生活はこれまでになく豊かになりました。しかし、その一方で、環境問題、資源問題など、国・地域の境界を越えた人類共通の深刻な課題に直面しています。

これら諸問題の解決には、国家レベルの対応のみならず、人類が幅広く英知を結集し、多面的な取り組みを行い、積極的にその役割を担うことが重要です。とりわけ、科学技術には、人類が直面する諸問題の解決に大きく寄与することが求められています。

キヤノン財団は、時代の要請に従い、科学技術をはじめとするさまざまな学術および文化の研究、事業、教育を行う団体・個人に対し幅広い支援を行い、人類社会の持続的な繁栄と人類の幸福に貢献していきたいと念じております。

２００８年12月１日

設立者
キヤノン株式会社　代表取締役会長
御手洗　冨士夫

（設立趣意書より）